所有的为时已晚，
其实
都是恰逢其时

第七页 / 著

Start now!
Never too late!

天津人民出版社

图书在版编目（CIP）数据

　　所有的为时已晚，其实都是恰逢其时 / 第七页著.--天津：
天津人民出版社, 2016.7
　　ISBN 978-7-201-10276-4

　　Ⅰ.①所… Ⅱ.①第… Ⅲ.①人生哲学—通俗读物
Ⅳ.①B821-49

　　中国版本图书馆CIP数据核字（2016）第076247号

所有的为时已晚，其实都是恰逢其时
SUOYOU DE WEISHIYIWAN QISHI DOUSHI QIAFENGQISHI

出　　版	天津人民出版社
出 版 人	黄　沛
地　　址	天津市和平区西康路35号康岳大厦
邮政编码	300051
邮购电话	（022）23332469
网　　址	http://www.tjrmcbs.com
电子信箱	tjrmcbs@126.com

责任编辑	陈　烨
选题策划	5biao
内文设计	邱兴赛
封面设计	仙　境

制版印刷	北京玥实印刷有限公司印刷
经　　销	新华书店
开　　本	880×1230毫米　1/32
印　　张	8.5
字　　数	120千字
版次印次	2016年7月第1版　2016年7月第1次印刷
定　　价	35.00元

人生永远
没有太晚的开始

生命，所有人只有一次。有些人碌碌无为过完一生，有些人即便到了暮年依然奋斗不息。

哈兰·山德士一生历经一千多次失败，直到年过半百，才创立了如今遍布全球的跨国连锁餐饮企业——肯德基；

曾经的"烟草大王"褚时健75岁重新创业，栽培出情怀与口感俱佳的褚橙；

摩西奶奶80岁开始绘画，用画笔描绘一生的心境，最终世界为之感动；

世界最年长模特卡门·戴尔·奥利菲斯77岁开始第三度绽放人生之美，让我们明白美丽从何时开始都不晚；

…………

这不是励志的心灵鸡汤，这是最真实的人生写照。

因此，别说自己没有时间，别说自己生不逢时，只要坚定人生信念，莫忘最初理想，去努力，去追求，去奋斗，人生就没有所谓的为时已晚。

本杰明·富兰克林说："把握今日等于拥有两倍的明日。"的确，成功不取决于明日，而取决于一个又一个实实在在的"今日"。

著名作家玛丽亚·埃奇沃斯在书中写道："如果今天不执行自己的想法，那么明天也不可能有机会将它付诸实践。"

年龄从来不是界限，除非你自己拿来为难自己。时光且长，做想做的事，一切都来得及！

目 录

CONTENTS

CONTENTS

不折腾，
拿什么去回忆

人活一世，总要有所回忆，也要给世界留下些许印记。制造这些印记的"幕后黑手"是一个叫"折腾"的家伙，它引领你走出迷途，走进光明，走向未来。

梦想靠折腾实现

"梦想"是个很美好很向上的词汇，象征着无限的光明和未来。一个有梦想的人一定是乐观坚毅的，能够经受残酷环境的考验，也能抵制腐蚀心志的诱惑。梦想时刻荡涤着我们的心灵，也为我们端正人生的方向，让我们从容地踏上人生征途。

梦想不仅支撑着个人的发展，也撑起了世界进步的风帆。世界的点滴进步都是由有梦想的人绘就的，这些人是少数的"觉醒者"，却推动世界向更好方向迈进。而绝大多数人，都只是在享受梦想实现的果实罢了。

因此，人必须要有梦想。梦想改变的不仅仅是一个人，还有周遭的一切，甚至是整个世界。

是不是有了梦想就够了？回答是否定的。梦想是用来实现的，不是用来暖心，让百无聊赖的日子多一点儿慰藉的。留在心里的梦想是无边无际的幻想，被实现的梦想才是真正伟大的梦想。当然，不是所有的梦想都会实现，不是每一季花开都有果实，但是，只要肯"折腾"，只要愿意出发，就有成功的机会，就有抵达的可能。由此可见，行动对于梦想是多么重要，圆梦都是从"折腾"开始。

折腾对了，事半功倍

说到行动，这是个很深刻的议题，涉及很多层面。简而言之，怎样行动才能最好地实现梦想呢？最好的答案莫过于折腾。我知道，在我说出答案后，很多人会表示反对。有人会说："折腾与梦想'登对'吗？折腾来，折腾去，不就把梦想折腾没了吗？"

不得不承认，那种摧毁梦想的折腾纯粹是瞎折腾，而成全梦想的折腾是有意义的。真正有意义的折腾，每一次的折腾都会让人生旅程有所收获，对走向未知的成功有很大作用。

不折腾，怎么能发现自己真正的强项？难道你会轻易地确认学生时代的强项，就是你毕生努力的方向吗？如果人能够尽早地发现自身强项，那当然是一件非常幸运的事，但这种先知先觉的人终究太少太少。那么，就要靠自己不断地折腾，去发现那个潜藏着的强大的自己。

不折腾，靠什么帮自己积累宝贵的经验？要知道，成功者几乎从来不研究成功学，他们更关注别人失败的案例。但失败的"营养"也不是轻而易举就能吸收到的，很多经验和教训都需要切身体会。而折腾无疑就成了最好的老师，就算一番折腾换来一次失败，人生的阅历也会因此丰富一次，距离成功也就更近一步。

不折腾，怎么会懂得珍惜拥有的不易和喜悦？折腾常常意味着失败，很少有人一次折腾就成功了。人生怕的不是失败，失败了还可以重新再来，只要不放弃，终会有柳暗花明的一天。那些轻轻松松获取的成功很美妙，但能保持美好的初心，将成功坚守到底的人毕竟是少数，很多人却避不开站得高跌得惨的魔咒。这样，受挫的心灵要重整旗鼓，就需要更大的勇气，更多的折腾。所以说，我们都应该多折腾，不惧品尝失败的滋味，当迎接来之不易的成功时，才会倍感珍惜，才有利于守住成功的果实。

不折腾，未来的岁月拿什么去回忆？人生总要给自己留下些什么，留下的不仅仅是财富或名气，而是不管岁月如何变迁，未来的你都会感谢现在拼命努力的自己。如果你的人生就是单调的两点一线、三点一线，那么记忆都是枯燥的情节，怎么会让你的回忆驻扎，更不要说感动其他人。人生宝贵的几十年，为什么要选择虚度，而不是折腾着一步步向前，哪怕成功并不会真正来临，也不至于给岁月留下遗憾的印记。

上述四点是我暂时能想到的折腾的意义，如果你发散思维，相信还能补充很多很多。总而言之，只要不是胡折腾、瞎折腾，任何方式的折腾都是一种尝试，都可能带来事半功倍的奇效。

折腾不分早晚，只看结果

曾看到这样一句话："当你青年时，珍惜时间；当你中年时，利用时间；当你老年时，善待时间。"说得很好，无论到什么年龄段，时间都会是你最忠实的朋友。时间会帮助你实现梦想，但前提是，你不能以任何借口放弃折腾。

我们常听到某些人发出的种种唉声叹气论调：

"我要是年轻几岁，肯定会做点儿什么，但现在都四十出头了，岁数不允许了"；

"我十几年前就想做生意，可是妻子不同意，现在孩子都快上大学了，什么梦想也只能是想想而已了"；

"我三十多岁了，却什么都没有，眼看着年纪一天天变大，可生活却毫无起色，人生也就这样了"；

"你要投资就自己投，我可不想去冒险，好不容易攒了点儿钱，要是真的赔了，我找谁哭去"；

……

类似这样的话，我们几乎每天都会听到；这样的人，我们也每天都会见到。他们会不会触动你的神经呢？难道非要年轻几岁才能做点儿什么？难道孩子上大学了，会阻挡自己做些什么？十几年前没做过生意，现在就不能尝试看看？三十多岁什么都没有，就不能想想做些改变吗？与其选择没完没了的抱怨，何不选择马上行动的改变？任何梦想都要靠个人的努力去实现，努力从来不分早与晚，早行动或许早成功，晚行动或许晚成功，而不行动当然就永远不会成功，只能观望别人的丰硕成果。

将自己的人生失败归咎于行动晚了，这是不能正视自己人生的借口。我想问问：那你早干什么去了？你回答：那时候耽误了。我再问问：那你现在在干什么？你回答：现在晚了。我继续问问：如果现在晚了，那么以后的岁月难道是"垃圾时间"吗？你要怎样回答？难道承认自己的将来就是"垃圾时间"！？

晚只是相对过去，但对于未来，现在就是最早的时候。如果现在不行动，把大好的时光当作"垃圾时间"，那么将来的你依然会懊恼今天的蹉跎。

行动起来吧！就在今天，就在此时此刻！行动是你与梦想交汇的唯一途径，折腾是你通向成功的"1号公路"。

敢做是折腾的基础

敢想敢做是每个成功者都必须具备的基本素质。他们敢想，想法奇特、高远，他们的思维仿佛冲破了天尽头，永远没有彼岸。他们也敢做，果断有魄力，雷厉风行，将想法尽一切可能付诸实践，让现实来检验自己的想法正确与否，并用成功让那些反对者闭嘴。

我们不难发现，这些成功者都很能折腾，他们不会固守围城，会主动跳出堡垒，扬起人生风帆，不惧风浪吹打，开足马力扬帆，开启一段最拉风的旅程。

敢做是折腾的基础，折腾是成功的基础

敢想是敢做的基础，如果没有想法，就不会有接踵而来的行动。可以说，任何伟大的举动都是源于一个想法。或许这个想法最初很脆

弱，甚至很不成形，但经过现实的洗礼后，会促使当事人不断修正人生的方向，直至最终抵达梦想的彼岸。

有了敢想做基础，敢做才有可能成功。在那些平庸的人看来，别人总是太不安分守己，太爱折腾，殊不知折腾是成功者的不二法宝。人们总喜欢将一些不安分守己的人做的事情称作折腾，说那些人不过安安稳稳的日子，总喜欢给自己找这样那样的麻烦。当那些爱折腾的人取得骄人的成绩时，羡慕、嫉妒、恨的眼光纷纷袭来。可是，羡慕嫉妒恨也无济于事，成功是羡慕不来的，成绩是嫉妒不来的，美好也是恨不来的。

然而，羡慕嫉妒恨后，平庸的人根本就没有明白成功者是靠什么取得骄人成绩的。单凭运气好就能取得吗？显然不是，没有谁拥有贯彻始终的好运，好运常常是稍纵即逝的。那是依靠艰苦努力吗？当然也不是，世界上努力的人太多太多，然而努力和成功却不见得成正比，甚至最成功的人往往不是看似最努力的，很多人勤勤恳恳一辈子却一事无成。是找对了方向吗？不得不承认有这方面因素，但找对方向的过程并不顺利，通常情况下，成功者总是经历无数次失败后，才知道自己的方向到底该是什么。

综上所述，相信大家已然明白，成功者最终的法宝究竟是什么。对，就是平庸者眼中的不安分守己者的折腾，而这样的折腾就是勇往无前的敢作敢为。

由此可见，这就是敢想敢做对人生的益处。想要成为一个成功者，折腾是必不可少的行为。

或许有人会有这样的疑问："你说的折腾也没有错，可我们年纪大了，怎么去折腾？难道让40岁的跟20岁的一起去折腾？一切都太晚了，没那么多时间，而且如果失败了怎么办？"

这样的话好像不该问我，而应该问问自己：为什么20岁时不折腾，要等到40岁时才折腾？既然已经错过了之前的岁月，难道还想错过现在的光阴，难不成想在60岁时替40岁的自己难过后悔？

人生没有为时已晚。看看那些已经取得成功的人，他们还在不断折腾着，而从来没有品尝过成功滋味的人，竟然还在害怕失败而畏首畏尾。试想，成功之前所有的求索，怎么算得上是失败？敢做是折腾的基础，而折腾才是成功的基础，只有选择不折腾的人，才会永远和失败相随。

一把年纪也要折腾得人们眼花缭乱

"力帆集团董事长尹明善，41岁重获生命青春，48岁开始下海，54岁开始创立'力帆'。"这是我在某篇介绍尹明善的文章上看到的一句话，之所以印象深刻，是话中的3个年龄数字，怎么看都距离风云激荡的创业有些远。

就是这样的"慢启动"人生，尹明善却活出了自己的精彩。他的诀窍就是：出人意料，别人越反对自己做什么，自己就偏要做什么；别人越说自己不行，自己就硬要做成功。

我们来看看尹明善大致的折腾历程：

20岁到40岁，人生最美好的20年，尹明善因为"资本主义"倾向被送到劳改农场。看到这，任何人都会为尹明善感到惋惜，人生能有几个20年？就算再大雄心，经过20年的沉寂也该消散了；再有宏图大志，到了40岁的年纪也该所剩无几了。但尹明善就是爱折腾，你永远不知道他的决心和毅力有多大。

41岁时，他的苦难日子终于结束。他在45岁得到了一份正式工作，却在47岁时果断辞职，追求人生理想去了。他在48岁那年下海，创业成功，赚到了人生的第一桶金。

50岁时，尹明善在出版行业赚到了人生第一笔巨款——60万元。就在形势一片大好之时，他却毅然选择改行了。

54岁时，尹明善不顾亲朋好友反对，放弃了熟悉的行业，进入了完全不熟悉的领域，开了一个不大的摩托车修理铺。人们都认为他疯了，但只有尹明善自己明白，他不是在单纯地折腾，他要用行动实现梦想，而不是将梦想留在心里当作纪念。

事实证明，敢想敢做的尹明善，在一个别人认为他已经老去的年龄阶段再一次折腾成功。没多久，摩托车行业的领军人物诞生了，一个新晋的亿万富翁诞生了。

巨大成功后，尹明善仍然没有忘记折腾的"基本功"，又将目光瞄准了不熟悉的领域——足球。

2000年8月19日，尹明善以5580万元的高价收购寰岛红岩俱乐部，更名为"重庆力帆足球俱乐部"；接着斥资8000万元收购重庆洋河体育场。2003年，力帆以3800万元的价格，成功将"云南红塔足球俱乐部"收至旗下，树立打造"百年力帆"的雄心。

自从踏上折腾这条路，尹明善就从未停止过。从他决定折腾的那天起，他就开启了搅动人生风云的行动，这样的行动就像没有终点的旅程。

70岁生日，尹明善对朋友们讲："谁说七十古来稀？人生百年余三十。"不难看出，这位老人家还要继续折腾下去，敢想敢做永远是他骨子里最宝贵的血液，就算一把年纪也有干出漂亮成绩的信心和底气。

敢想敢做不是乱想乱做

年轻时，我非常欣赏那些不按常理出牌、敢想敢做的人，认为人就应该有想法、有魄力。我甚至将"敢想敢做"当作自己的座右铭，时时刻刻都提醒自己要敢想敢做。遗憾的是，我并没正确理解敢想敢做的真正含义。我以为"敢想"，就是想法越大越好，大到连自己都不敢相信才合格；"敢做"就是想做什么就做什么，不考虑行为的后果，也不顾及亲友的劝说，只管埋头苦干。于是，我走入了误区，成了别人眼中的自大狂。

当时我很年轻，并不认为自己做得不对，还觉得是别人太胆小，不敢想也不敢做。当年纪渐长，走了许多弯路后，我逐渐认识到自己是错误的，敢想敢做虽然并无不可，但是任何事情都有一个度，一旦无边无际就适得其反了。

敢想，不是乱想，更不是狂想，而是切合实际地对人生和未来进行思考和规划，依靠自己的优势和长处，在自己熟悉的领域，用最聪明的办法去奋斗。

敢做，不是乱做，要做已经思考和规划好的事情，脚踏实地地努力，不好高骛远，步子也不能迈得过大。

当我渐渐厘清思路，明白"敢想敢做"的真正含义之后，我的人生才真正走上了正轨。

生命重来一次，你将不再是你

生命重来是不可能实现的梦，不过，这并不能阻止我们幻想——如果生命真的可以重来，我们又可以为自己做些什么。

在好莱坞，一些导演天马行空，拍了很多经典的穿越电影，除了博观众一笑外，还有很深刻的现实意义。

我最喜欢的"过去未来式"电影是20世纪80年代好莱坞经典之作《回到未来》。

所谓回到未来，其实回到的是那个自己希望的未来。很多人都希望自己的生命重来一次，以弥补已经过去的岁月的遗憾。但这毕竟只能在电影里发生，现实生活中，谁也没有办法回到过去，重走一次人生路。不过，我们回不到过去，不代表改变不了自己的生活。比如，我们可以列出生活的缺憾，然后再找出是哪些性格弱项或坏习惯导致遗憾发生，然后从现在开始逐一改变不足，最终就能将缺憾逐一填补，使得未来生活更美好。

改变之后你会发现，原来曾经的浑浑噩噩、浪费时间是多么愚蠢。尝试改变，不但斗志重新回归，眼睛也会变得雪亮，那些曾经看不见的光芒和方向也开始浮现。

改变从现在开始，而折腾从改变开始，当原本无聊的生活开始忙碌，你并不会发现自己有多累。相反，过去那种安逸的生活，看不到未来的茫然，却总是让自己觉得累。

当一个人变得忙碌起来，内心的"折腾基因"也会被及时唤醒。你会开始感觉时间不够用，竟然有那么多的事情要做，抓紧时间去折腾是首选。这就是改变后的你。

改变后的你不再是熟悉的自己，而是浴火重生后的你。虽然我们确实回不到过去，但是寻觅一个"重生"的自己，无疑也是一次美好的穿越。

"去寻找，永远去寻找"

"去找，去找找！""看，是不是在那里？哦，再看看，是不是在那里？"这是幼儿园老师组织小朋友做游戏时经常说的话。她们通过指引帮助小朋友找到东西。在这时，你会看到，小孩子们玩得非常开心。

我曾问过一位幼儿园老师："小孩子是不是非常喜欢找东西类的游戏？"

"是的！这是孩子们的天性，他们喜欢探索。"老师还笑着说，"您小时候，是不是也喜欢玩捉迷藏呢？"

其实，探索不仅仅是小孩子的天性，成年人同样也喜欢探索，只是因为年龄段不同，探索的方式、空间和意识也不同。

当然，不是所有的人都热爱探索，一些人随着年龄的增长渐渐关闭了探索的阀门，让自己生活在固定的思维和空间里。而一旦选择了放弃探索，就像选择了不思进取，这样的人生很难避免平庸。

探索表现在思想上，是不断地思索和论证，最终"三思而后行"；探索表现在行动上，却成了那些不喜欢探索的人口中的"折腾"。

人生之路，每个人都有自己的选择，折腾的人努力打拼，不惧失败地奋斗；不折腾的人选择安逸，在无风无浪、无波无澜的日子里得过且过，最后离成功越来越远。

谁的器重也不能改变我的雄心

被器重不仅是自身价值的体现，更是前途的保障。但总是有人对别人的器重不予理会，他们甘愿放弃暂时的前景，而选择为自己的梦想奋斗，哪怕奋斗过程中会遭遇千难万险，也一往无前。

提起高清愿，你可能不知道，但说到统一方便面，你一定知道，这是享誉全世界的快餐品牌，其创始人就是高清愿。

高清愿，台湾省台南市人，自小家境贫寒，仅靠父亲贩牛维持家用。后因父亲病逝，他读完小学就被迫辍学。此后家境更加贫困，经常吃了上顿没下顿。高清愿收拾了全部家当——几件破衣服和一床破棉被，和母亲来到市区投奔舅舅。

高清愿的第一份工作是到鞋店做童工，月薪虽然只有可怜的15

元，但最起码娘俩能吃饱饭了。

3年后，16岁的高清愿来到吴修齐和吴尊贤兄弟创办的新和兴布行当学徒，从最基层做起。工作虽然辛苦，但他很满足，因为能凭自己的能力养活母亲了。穷人的孩子早当家，才16岁的年纪，高清愿便开始注意学习观察周围的人和事，努力提升自己待人接物的技巧和为人处世的能力。高清愿凭借勤奋的工作态度、机智的处世方式，被吴修齐调到身边，学到了更多的做人道理和领导企业的能力。

年纪不大的高清愿日渐受到重视，毕竟是从艰苦的岁月里熬过来的，他对那份被认可的珍惜是由衷的。

1947年，吴修齐到上海拓展生意，将台湾的业务全部交给了高清愿负责。那时高清愿只有18岁，一个让人不放心的年纪，却承担起了和年龄不相称的重任。

高清愿受到了相当的器重，这是他人生转变的基点，接下来该如何发展呢？我们看看高清愿自己的选择。

随着时局变化，吴修齐放弃内地新兴业务，回到台湾。1954年，吴修齐开办台南纺织，任命25岁的元老高清愿担任第一任业务经理。此后12年，高清愿一直在台南纺织，吴修齐一如既往地器重他，工人们也很尊敬他。但高清愿心里有了另一种想法——自己创业，而不是继续为别人打工。这一年他37岁。

说到这里，我们需要停顿一下，帮助高清愿整理一下思路：自己已经工作了24年，为别人尽心竭力，帮助工厂获得了成功，受到老板器重、员工尊敬。但他自己这些年得到了什么？只有薪水、职位、器重、尊敬吗？还有什么？仔细想来真的没有了。他失去的又是什么？时间、斗志、雄心、梦想。所得与所失相差太多，这让高清愿觉得自己必须要改变，和过去的自己华丽地告别，重新开始另一段人生。

实现雄心需要放弃安逸，大胆折腾

吴修齐没有阻拦高清愿，他很希望这位老友能有一番作为，他也相信高清愿有成功的能力。但在家里，高清愿却受到了阻挠，妻子非常反对，认为现在生活安逸，收入不菲，为什么非要选择冒险折腾呢？而且高清愿已经快40岁了，一旦输了，还输得起吗？

高清愿坚持不懈地跟妻子解释，却没能说服妻子，后来干脆不再理会妻子的反对，义无反顾地开始了新的人生。

1969年7月1日，高清愿在台南创立统一食品加工企业。为了报恩，他聘请吴修齐担任董事长，自己做总经理。

企业创立初期，购进面粉是第一要务。当时已经与几家面粉厂取得了联系，但高清愿打算找日本实力最强大的面粉厂——日清合作，只是日清会不会跟自己这个小厂合作，高清愿根本没把握。选择当地面粉厂，价格便宜，运输费也少；选择日清，不仅价格高昂，运输也很不便，还要承受万一日清不合作的后果。能否选对是决定企业能否生存下来的关键，为此高清愿请教了吴修齐。吴修齐只回答了一句话："两害相权取其轻，两利相权取其重。"

这句话提点了高清愿，有利当头，当然要取其重，于是果断选择了日清。有了高档原材料的支撑，统一产品质量上乘，上市便受到顾客青睐，企业迅速发展。随后，"统一牌饲料"上市，"统一牌面粉"上市，再接着就是将日本的快餐引入台湾省，多元化经营方式使企业逐步走向集团化、国际化。

高清愿成功了，他的成功对奋斗中的人们无疑有着相当的参考和激励作用。高清愿在40岁"高龄"放弃高薪工作和安逸生活，义无反顾决定创业，这份勇气和魄力是多么令人钦佩。很多人会被"40岁"这个年龄吓到，"都40岁了，还折腾啥呀？再说家人也不支持呀"！就是这种论调，熄灭了很多人的奋斗激情，宁愿安于平庸，也不愿折腾。但高清愿没有妥协，他不惧自己的"高龄"，他一直在寻找，不断寻找，在寻找中看到并实现了自己的未来。

寻找是一种折腾，折腾是一种进取，而进取的人生才有机会铸造辉煌。

今天的"疯子"，明天的偶像

拿破仑说："不想当将军的士兵，不是好士兵。"这句话流传全世界，男女老少都知道，人们佩服拿破仑的志气，更折服他功成名就的伟业。但我们是否能真正理解这句话的含义？

拿破仑在说这句名言时，他的目的是激励自己。但那时候的拿破仑只是一名炮兵少尉，20岁不到，说出这种大话，被人嘲笑是一定的。战友们认为他疯了，太狂傲了，一个小小的少尉，就比士兵高一格，就梦想当将军，也太能做美梦了。

拿破仑用实际行动证明了，人只要敢于怀揣梦想，"疯子"就会成为英雄。1793年7月，因为在光复被英军占据的土伦的战斗中立下大功，年仅24岁的拿破仑上尉被破格提拔为炮兵准将。

拿破仑实现了将军梦，他的成功看似是时运相佐，但内在原因是其立下的疯子般志向。当然，拿破仑毕竟只有一个，不是所有的士兵都有机会成为将军，但是，我们应该学习的是拿破仑的精神，学习他疯子般的进取精神。

也许别人会把奋斗中的你当作疯子，会嘲笑你的行为不自量力，会讥笑你"都不看看自己多大年纪了"。然而，别人的闲言碎语不能左右你人生的方向盘，今天你敢做别人眼里的"疯子"，一旦在未来获得骄人成绩，所有人都会将你视为创业的偶像或人生的榜样。

为了志向，我敢赌上一切

人是需要有不断向上的斗志和气魄的，在寻求奋斗的进程中，人的潜能才会被激发出来。

大卫·杜菲尔德于1940年出生，自幼就是一个不安分的家伙，什么都敢尝试，周围人都叫他"bold boy"（"勇敢小子""无畏小子"）。不管别人怎么说，杜菲尔德依然坚持自我。随着年龄的逐渐增大，杜菲尔德的胆子也越来越大。当然，他的大胆可不是鲁莽，而是一种为了理想奋不顾身的气势。

杜菲尔德19岁第一次创业，失败了。23岁再次创业，再次失败。26岁开始学习计算机，最终奋斗成了IBM高管，其间第三次创

TIPS

我不会因为犯过错误就放弃挑战，我要做的就是不断为梦想努力。

业，可还是与成功无缘。就在所有人都认为杜菲尔德这一生将以IBM高管身份退休时，他的创业基因再度复活了。1987年，47岁的杜菲尔德决定第四次创业。

他决定采取与以往不同的方式，以往创业他都是拿出一部分资金，有意识地给自己留了后路。这一次，他选择孤注一掷，不但要拿出自己的全部资金，还将房产也给抵押了，尽可能地筹集创业所需资金，为创业打下最坚实的基础。

这个消息传出，所有关心他的人都来阻止，认为他疯了——放着好日子不过，折腾什么呢？如果不成功，以后要当流浪汉吗？但杜菲尔德没有接受大家的劝说，他说自己很清楚在追求什么。杜菲尔德用全部身家创立了People Soft。后来，People Soft迅速发展成为世界第二大应用软件公司，在2005年被甲骨文公司以103亿美元收购。就在这一年，杜菲尔德以总资产12亿美元的身家入选福布斯财富400人。

采访杜菲尔德时，他说："我的成功是用时间累积出来的，一路走来，我之前犯了很多错误。但我不会因为犯过错误就放弃挑战，我要做的就是不断为梦想努力。为了我的志向，我愿意'赌'上我的一切，即便今天被认定为'疯子'，但明天或许就是人们的偶像。"

53岁开始折腾，73岁为人所知

50岁之后还能做成什么吗？能。很多人的成功就是从不可能的年纪开始的。

约翰·斯佩林出生于1923年，年轻时是一名水手，后来进入圣何塞州立大学任体育老师，一直到53岁。

1976年，斯佩林放弃了稳定的工作，创建营利性菲尼克斯大学，以此推动美国的教育事业发展。对于毫无经商经验的斯佩林来说，创业是艰难而迷茫的事，其间经历的

> 每个成功者在成功之前都是别人眼中的"疯子"。

辛酸和挫败连续不断，直到73岁时，他创建的阿波罗教育集团才为人所知。

这是多么艰难的过程啊！53岁开始创业，73岁为人所知，这是怎样的坚韧！

有人说："每个成功者在成功之前都是别人眼中的'疯子'。"这句话，我绝对赞成。从某种意义上说，少数人引领世界前进，大多数人都是在一边享用"疯子"的成果，一边对"疯子"的勇气表露不屑。扪心自问：你是做一个奋斗不息的"疯子"，还是做一个碌碌无为的看客。

两个老家伙把红牛折腾到西方

有这样两个老家伙，依照常规思路来说：他们努力晚、创业晚、合作晚，但却偏偏干成了大事，开创了一个新行业。

第一个老家伙能折腾

这个老家伙叫迪克·梅特舒兹，现在位列福布斯富豪榜，奥地利首富，资产过百亿美元。如今，他每周只工作三天即可，并拥有南太平洋斐济群岛中的一个岛屿，一支F1车队，两只足球队（萨尔茨堡红牛队和纽约红牛队）。可谓富可敌国，生活逍遥自在。

梅特舒兹并不是一开始就抓住了财富的尾巴，而是经过一段相当漫长的茫然期。很小的时候，梅特舒兹的父母就分开了。本来18岁的梅特舒兹考入维也纳大学很不错，却因为"热衷运动、参加聚会和追逐漂亮女孩"，花费了10年时间才勉强获得世界贸易专业学位。由此看来，梅特舒兹年轻时并不是有雄心壮志的人。

28岁大学毕业后，梅特舒兹发现自己已经落后同龄人好多了——年近三十，没有家庭，没有事业，甚至连工作也没有。突然间，他意识到自己必须要做些什么了。梅特舒兹没有太多的选择（毕竟别的他也不会），去做了一名市场推广人员。他先后在联合利华、雅各布斯咖啡等多个公司工作。

1979年，梅特舒兹成为后来被宝洁并购的德国知名牙膏品牌Blendax的市场总监。这一年他40岁。随着人生步入正轨，他潜藏的野心也逐渐被唤醒。作为一个经理人，他感觉自己"像生活在手提箱中"，无法获得更大的突破。他开始梦想着有朝一日能拥有自己的公司，这样的梦想开始在心底一遍遍沸腾。

1982年，梅特舒兹到泰国出差，在当地药房里发现了一种用于恢复活力的糖浆。喝了这种糖浆，他发现时差的疲劳一下子消失了。"天哪！真是有魔性一般的糖浆！"梅特舒兹暗暗产生了把这种糖浆引入西方的念头。

Blendax公司在泰国的一个名叫许书标的代理商，就是这种糖浆的生产厂商经营者。梅特舒兹找到许书标谈合作。两个野心勃勃的老家伙凑在一起，10分钟没用上就达成了协议。1984年，45岁的梅特舒兹辞去了工作，与许书标各自出资50万美元，开始联合打造一个奇迹。

朋友们非常不赞同他这项疯狂的投资，50万美元已经是他的全部家当了，一旦失败他就是彻头彻尾的穷光蛋。但梅特舒兹不为所动，坚定想法，花费3年时间完善饮料配方，命名"红牛"。为了让西方顾客更容易接受，他决定使红牛成为碳酸饮料，但保留了糖、咖啡因、牛磺酸3个关键成分。

梅特舒兹把品牌定位为"能量和活力"，一种运动功能性饮料。这种饮料尝起来并不可口，里面还含有咖啡因，一听8.3盎司的饮料需要2美元——是可口可乐的2倍多。朋友们说："梅特舒兹，你的红牛简直就是个笑话，恐怕最后你亏得连裤子都没得穿。"

红牛最初的销售不温不火，不过到了2004年，红牛的销售额达到20亿美元，连可口可乐和百事可乐也开始对功能性饮料市场磨刀霍霍。"刚开始的时候，许多人都认为没有红牛的市场，"梅特舒兹说，"但红牛却创造这个市场，并且做得出乎意料的好。"

获得成功后，梅特舒兹爱折腾的本性逐渐暴露，红牛每年在全世界赞助五百多名从事极限运动的运动员。——这些年轻人都是红牛狂热的支持者，就算没有赞助也会支持红牛。红牛除了赞助运动员，还赞助数十个极限运动项目，比如攀岩、登山、滑翔等。

接着，梅特舒兹又购买了F1车队用于宣传，另外买下一支家乡足球队——萨尔茨堡红牛队，为了加大在美宣传的力度，又买下了纽约红牛足球俱乐部。

> 我们总是寻找着更有创造力的、不同的角度。

梅特舒兹还在欧洲出版一本季刊，里面充满了与红牛有关的内容：音乐、极限运动、夜生活、生活风向等。

"我们总是寻找着更有创造力的、不同的角度。"梅特舒兹说，"所有这些活动的目的只有一个，就是在可口可乐和百事可乐的品牌盛名之下，抢得属于自己的更大的市场份额。"

"我们努力创造了这个市场，其实你也可以创造点儿什么。"这是梅特舒兹最想告诉我们的。

第二个老家伙敢折腾

这个老家伙叫许书标，英文名是Chaleo Yoovidhya，1922年生于海南省文昌市宝芳乡坑尾园村，两岁的时候由亲人带赴泰国和父亲团聚，一家人在泰国北部披集府靠养鸭和卖水果为生，家境贫困。

长大后，许书标第一份工作是公共汽车售票员。后来，他来到首都曼谷的药店当推销员，一家一户推销药品，逐渐熟悉了药品行情。

泰国战后经济复苏，对外开放和旅游业的发展，促进各行业的兴旺。但是许书标直到40岁时仍是一个打工仔，不过他的心里始终燃烧着创业之火。

1962年，有了一定积蓄的许书标在曼谷老城区创立了一家医药工厂，名为TC制药厂。但前十年的经营并不理想，工厂生存比较困难，家境不但没能好转，反而越来越糟。亲友都劝说许书标放弃，不要在不该折腾的年纪折腾了，都50岁了，还能有什么机会实现理想呢？许书标不作辩解，他知道自己人微言轻，说什么都没用，只有默默坚持，寻找机会，争取一飞冲天。

为了能给企业寻找出路，许书标开始为德国知名牙膏企业Blendax做代理销售。谁都不会想到，就是这个决定，成就了日后一个轰动世界的品牌。

1972年，在企业成立10周年之际，他开始生产一种能够消除疲劳、恢复人体活力的糖浆，并将其定位为一种补品，因此未引起市场的广泛反响，仅在曼谷周边有一定的销量。

这种不死不活的经营状态又持续了10年。1982年，许书标60岁了，这是一个很多中小企业者考虑退休的年龄了，但许书标还没有创造出什么成绩。越来越多的人劝他放弃，就连家人都对他失去信心，儿子几次希望父亲把工厂交给他，安心过晚年。许书标坚决不同意：

"我才60岁，身体硬朗，难道就要开始过晚年！？"

也就是在这一年，一个人突然登门找到了他，目的是商谈将他的糖浆销往西方。这个提议简直令许书标百思不得其解：来人不是疯了吧？就凭我现在的实力，怎么可能将产品打入欧洲？在曼谷都没多少人认可。但来人认真列举许书标的糖浆的种种好处，并强调，欧美的年轻人热爱运动、喜欢挑战，这种能够缓解疲劳的饮品一定会受到欢迎。最后来人说："这可能是我们这一生唯一一次，也或许是最后一次实现梦想的机会了。"来人就是迪克·梅特舒兹——改变许书标人生的人。

迪克·梅特舒兹最后的那句话打动了许书标，他同意了前者的建议，每人出资50万美元，创立两人的联合企业，主营糖浆的衍生饮料，取名为"红牛"。

筹措这50万美元，许书标着实费了不少劲，因为年龄原因，基本上没人相信他能成功，自然没人相信他的还款能力。顶着巨大的嘲笑、鄙视和质疑，许书标筹措到了50万美元。

> TIPS
>
> 年纪大了，但也不能放弃，必须要为自己的梦想做最后一搏。

1984年，红牛公司正式成立。此后的故事我们都知道了，红牛不仅风靡西方，也打开了全世界的市场，成为人尽皆知的饮料品牌。而许书标和梅特舒兹也因此成为超级富翁，个人资产逾百亿美元。

这两个老家伙，一个超级能折腾，什么都愿意去尝试；一个超级敢折腾，永远不抛弃不放弃。敢拼金钱，敢赌青春，敢舍当下，敢想未来，两个不屈不挠、敢想敢做的老家伙，开创的不仅仅是一个品牌的奇迹，更是属于人性的奇迹。我们应该通过他们的奇迹，规划自己的人生脉络，只要肯折腾、愿意冒险、付诸行动，下一个奇迹就属于我们，属于能折腾、敢折腾的我们。

生命不息，折腾不止

"折腾"本来是贬义词，但是"折腾"之于"奋斗"，便是绝对的褒义词。选择奋斗，选择折腾，就是给雄心插上翅膀，无所畏惧地大胆行动。

家庭妇女梦想的春天

在《断背山》搬上银幕之前，小说作者安妮·普鲁克斯恐怕没有几个人知道，虽然她的作品几乎得到了美国所有重要的文学奖项，但外界对于这位作家却知者寥寥。不过，随着电影热映，安妮·普鲁克斯广为人知，她的小说也迅速风靡世界。

安妮·普鲁克斯出生于1935年，父亲是法裔加拿大人的后代，因为受到歧视，就改头换面以新英格兰美国人的身份开始经营纺织品生意，母亲是位颇有造诣的业余画家。

普鲁克斯是家中5个女孩中的老大。很小的时候她就发现自己的玩伴"乏味、愚蠢、缺乏想象力"。当学会阅读后，她发现"书中有全新的世界"。

7岁时，普鲁克斯就能读杰克·伦敦的某些作品了。因为年龄小，在图书馆挑书时，她看的是封面的颜色："我特别偏爱浅棕色的书。"10岁时，在出水痘卧床休息期间，普鲁克斯写出了人生的第一个故事。

1955年，普鲁克斯从佛蒙特大学辍学，与在演出领域工作的第一任丈夫结婚，婚后生了一个女孩，不久后离婚。此后第二次婚姻，普鲁克斯又生育了两个儿子。1969年，她第三次结婚，又生育一子。20年后，她和丈夫在友好气氛中分手。她说："我无法组建一个传统的家庭，这东西不适合我。"

三次婚姻，4个孩子，普鲁克斯要照顾家庭和孩子，虽然也会为杂志社写稿赚点儿稿费，但那纯属是业余爱好而已，就像她喜欢钓鱼一样。虽然生活格外地繁重，梦想也似乎越来越远，但普鲁克斯却从未让梦想离开。

随着4个孩子逐渐长大成人，普鲁克斯看到了实现梦想的机会，只不过那时她已经50岁了。对于很多人来说，50岁已经到了可以安逸度日的年纪，可普鲁克斯却偏偏要在这个年纪开始折腾，因为她希望自己的人生足够精彩。

几乎每个人都有这种想法，希望自己的人生足够精彩，但却不是每个人都能掌控自己的人生，多数人因为世俗的观念和内心的怯弱，没有勇气选择为梦想去折腾。普鲁克斯作为中年女性，在家庭重担面前选择执着向前，50岁时不再等待也不再犹豫，这样的精神着实令人钦佩。

未来的作家与地方的搅局者

1985年，普鲁克斯下定决心正式开始写作，但家庭还是会搅扰她的思绪，进度相当缓慢。就在家庭与写作顾此失彼的忙碌时期，普鲁克斯竟然还办起了报纸，所办《落伍报》是一家地区性报纸，目的是揭露当地狼狈为奸的政客团体的勾当。这份报纸一经出版就引来震动，民众从中了解到很多政界的阴暗事务，这让政客们头疼不已，对普鲁克斯恨之入骨，却也无可奈何。普鲁克斯因为身兼多职，写作进度很慢，第一部小说《明信片》直到1991年才写完，那年她56岁。

就是这部处女作，让普鲁克斯在1993年成为福克纳文学奖的第一位美国女性获奖者。第二年，普鲁克斯凭借《船讯》获得普利策奖和国家图书奖。

一位50岁才开始写作的女性获得了诸多文学大奖，听起来多少有些传奇色彩，但这份传奇却不是上天偏怜，而是她自己努力争取来的。三段离异的婚姻，四个需要抚养的孩子，不能不说牵绊了她实现梦想的机会，然而，因为心中有梦，敢于折腾，她不仅没有被牵绊阻碍，反倒自信从容、执着向前，最终不仅不是事事不成，反倒梦想成真、多点开花。这样的女性能不令我们肃然起敬？

未来的深浅，用行动去试

未来是成是败？未来是深是浅？必须用我们行动的脚步去丈量，正所谓"千里之行始于足下"，"不积跬步无以至千里"，等我们走过人生的一个个"千里"，未来的景致自然展现。

选择用脚步丈量未来

1834年12月11日，岩崎弥太郎出生在一个等级森严、备受排挤的地下浪人家庭。岩崎弥太郎自幼接受家庭教育，姨夫冈本宁浦是他的老师。1854年姨夫病逝，岩崎弥太郎觉得自己应该走出乡下闯一闯，便去往江户拜昌平堂的名师求学。

求学期间，岩崎弥太郎因父亲被陷害入狱，前去鸣冤叫屈，不仅控诉失败，自己也身陷囹圄，在监狱被囚一年。1857年初，岩崎弥太郎虽然重获自由，却被剥夺了姓氏和刀，活动范围也受到限制。这样的处罚对当时的日本青年是莫大的耻辱，等于被打入最底层，基本生活都无法保障，隐居是唯一的选择。岩崎弥太郎深切体会到了社会的不公。就在越来越多的人劝岩崎弥太郎安分守己，不要总去挑战权威，要明白自己的身份地位之时，他内心改变黑暗现实的愿望却愈发强烈。他无法忍受不公的压制，他要改变命运，改变未来。

后来，岩崎弥太郎读了好多书，见识大长，精神境界得以提高，帮助乡亲们解决了很多问题，逐渐有了名气，同时得益于一些好朋友的帮助，他重新获得了祖上曾经拥有的乡士身份。

一天，岩崎弥太郎与弟弟弥之助在安芝河边钓鱼，看着滔滔河水，他随口说道："河面真宽啊！"

弟弟说："是啊，若是没有这宽阔的河面，洪水来时，就会产生严重的后果。"

这句话启发了岩崎弥太郎，他突发奇想：如果在河岸筑起堤坝，拦河造田，不是一举两得的好事吗？他把这个想法对家人和乡亲们讲了，却遭到大家一致的反对。有乡亲说："你这玩意修不成的，就算修成，又能派上啥用场？别没事找事了。"面对大家的反对，岩崎弥太郎认为不试一试怎么知道修得成修不成？！

于是，他开始向本藩的郡公所提交拦河造田的申请方案。方案一次又一次被驳回，经过岩崎弥太郎几个月的不懈努力，才终于被批准。当他准备组织人力开工时，因为人们对方案持不相信的态度，抵触情绪非常强烈。他挨家挨户劝说，大家被他的热情和诚意打动，慢慢地开始同意支持修堤坝。经过两年努力，全凭肩挑人扛的拦河大坝建造成功了，一块块的新开垦的田地浮现眼前。第二年，当地粮食和棉花产量获得丰收，乡亲们对岩崎弥太郎赞不绝口。

从这件事可以看出，岩崎弥太郎是一个喜欢探索的人，他对未来充满美好的渴望，这促使他愿意为未来努力。不论遇到多少阻力，他都不会退缩，坚决按照自己的想法执行，他相信在未来的某一天自己的想法一定会得到实现。

这一年，岩崎弥太郎30岁，在当地有了相当高的名望。从此，河边的几百亩田产给当地带来丰厚的收入，岩崎弥太郎更是受益良多，不仅渐渐富裕起来，还迎来了仕途的好运。因为造田有功，岩崎弥太郎被任命为高知城奉行所的下级官员。

1866年，岩崎弥太郎从藩属直营商馆开成馆辞职（仅任职一个月），后因开成馆经营太差，濒临倒闭，岩崎弥太郎又被请回去"救火"，就任开成馆下辖土佐商会负责人。1868年，倒幕运动成功，新政府成立，史称明治维新政府。1869年1月，岩崎弥太郎因工作成绩显著，调至开成馆下辖大阪商会任负责人。

1870年，明治维新政府决定废止藩营事业，支持民间企业。岩崎弥太郎决定大阪商会脱藩自立，以土佐开成商社这个民间商社的名义继续运营。这个决定非常大胆，处理不好，即有获罪的可能。在大家为他担心时，他依然是那个观点，"事情不去做，就不知道未来怎样"，既然想好了，就果断做。其实岩崎弥太郎知道未来可能存在凶险，可是如果不去做，连和凶险一搏的机会都没有。

不久，转型的九十九商会成立了，岩崎弥太郎表面上不参与，却是实际的负责人。1871年，岩崎弥太郎将九十九商会转变为个人产业。1872年1月，九十九商会改为三川商会。1873年3月，三川商会又改为三菱商会。岩崎弥太郎正式向各界表明，三菱商会是他个人的企业。经过一番"鬼手"折腾，岩崎弥太郎终于光明正大地走到了前台，有了自己的合法企业。这一年，他39岁。

再迈一步，40岁也不算晚

三菱商会拥有原来隶属于藩的商会财产及汽船6艘，拖船2艘，库船、帆船、脚船各一艘。产业说大不大，说小也不算小，将来要如何走，需要谨慎考虑。岩崎弥太郎决定脱下官服，专心开发事业，争取有一番大的作为。

岩崎弥太郎做出这个决定并不轻松，毕竟当了十几年官，官场的人脉对他还是有作用的，一旦脱离官场，以前的优势转瞬就不具备了。所以，究竟该不该辞职，他也考虑了很长时间。但喜欢挑战的岩崎弥太郎最终还是说服自己，用行动丈量未来，而不是用心揣度未来。

岩崎弥太郎从官场走进了商海，没有了官方身份的庇护，激烈的商海鏖战开始对他不利。但他并没有畏惧，更没有懊恼，而是用一套与众不同的经营理念和事业策略，将恶劣的形势成功反转。

岩崎弥太郎在给弟弟弥之助的一封信中说："现在，受大藏省庇护的日本邮政会社与我们竞争得非常激烈。邮政公司以15年分期付款的方式买下大藏省十五六艘船，称为大日本邮政蒸汽公司。他们假政府的威望，其势锐不可当；而我们严守行业操守，规规矩矩做生意的原则，以获得内外界的信誉为目的。"

正如岩崎弥太郎在信中提到的那样，他的公司在"内外界获得信誉"方面远胜过邮政蒸汽公司及其他对手。以邮政蒸汽公司为首的其他大多数企业的经营方式依然是官僚式的，而岩崎弥太郎本着"规模虽不大，然以在野之身，任意做官方办不到的事情"的精神来经营公司。他以信誉为上，重视服务，积极从邮政蒸汽公司争取到顾客及船货，为自己公司打开了广阔的前景。

1875年，三菱商会取得了同行业领先地位，最大的对手邮政蒸汽公司被政府直接拆分，下属船只都借给三菱商会。从此，岩崎弥太郎以汽船为主业，将事业范围扩大到汇兑业、海上保险业、仓储业等。在三菱公司进行押汇的货物都由三菱的船只来运送，由三菱负责保险，收在三菱仓库之中，于是，三菱的汇兑、保险、运输、仓储等方面的利润都成倍增长，一派蒸蒸日上的景象。

岩崎弥太郎之所以令人钦佩，不仅仅因为他是大名鼎鼎的三菱公司的创始人，更因为他在奋斗过程中表现出的那种坚毅果敢的精神。所有对未来的不确定，岩崎弥太郎都没有选择止步，而是用步伐去丈量。事实证明，他走对了，成功了。

第
二
章

世上没有真正的
为时已晚

年轻有实现梦想的可能，年长依然可
以圆梦，只要不放弃，一切都有希
望。别让人生被"早"或"晚"的观
念束缚，一旦决定了方向，就要坚持
不懈努力向前。——努力过的人生不
会有遗憾。

"假如"就是无间地狱

谁的心中没有过"假如"？谁不希望可以重走自己的人生路？但是，人生路永远不可能重走一回，所有的"假如"都只能是幻想。不断地念叨着"假如昨天如何如何"，到将来，少不了会说："假如我不是一直'假如'，肯定大有作为。"

"假如我没有犯罪"

美国加利福尼亚州的圣昆廷监狱是全美最古老、最具"名气"的监狱，不仅因为它建成时间长，还因为里边关押着如查尔斯·曼森这样最臭名昭著的囚犯。可以说，这个监狱里的犯人是最堕落、最不可救药的一群人。但是就在这样一群外界称之为"人渣"的人里，竟然出现了一个绿色的奇迹。

1994年，一名叫肯雅塔·利尔的罪犯被送到圣昆廷监狱，他的罪名是非法持有枪支和三次袭击事件，被判处终身监禁。

这不是利尔第一次进监狱，他曾三次犯罪，两次入狱，也可称是"老油条"了。但这次走进圣昆廷监狱，利尔第一次感觉到了恐惧和失落，因为他要在这个地方待一辈子。

在服刑的每一天，利尔的内心都无比煎熬。

"假如我没有犯罪该有多好。那我应该娶一个漂亮的太太，有一双可爱的儿女。我的父母也会替我感到高兴。那将是多么完美、多么有意义的人生。"狱友经常听到利尔的各种"假如"，听得耳朵都快起茧了。

就这样，利尔"假如"一次，就宽慰自己一次，甚至获得了一种奇怪的满足感。

一转眼，过去了17年，利尔从一个30岁的年轻人变成了年近50岁的大叔。一天，一位老狱警告诫利尔："喂，伙计，已经十几年了，我知道你有多么懊悔，一直希望这一切都是假的。但你不能这样骗自己。你知道的，这一切都是真的，只有你的'假如'是假的。如果你真想为自己的人生做些什么，就放弃虚无缥缈的'假如'！"

这句话点醒了利尔，他想明白了，就算在监狱里待一辈子，也不能是混吃等死的状态。奇迹都是人创造的，只要自己不抛弃不放弃，

43

就没有围墙能束缚自己。

抛弃"假如"，成就真实的自己

就在利尔积极寻求改变自我时，一项公益计划的出现让他如沐春风，这就是"The Last Mile公益计划"。

"The Last Mile公益计划"由风险投资家克里斯·雷德里兹发起，其目的在于为囚犯提供学习计算机编程的机会，使他们在出狱后能够找到一份工作，重新做人，融入社会。美国的互联网经济发达，社会对于计算机人才的渴求也日渐高涨，因此计算机编程人才很有市场。

圣昆廷监狱也接到了这项计划，然而这所监狱里关押的都是罪大恶极的重犯，大部分人一辈子都没有机会走出监狱，他们学习计算机编程貌似没有任何意义。

虽然考虑到了这一点，监狱方面还是公布了这项计划。

囚犯们大都排斥这个计划，不过利尔与一部分囚犯主动报名参与这项计划。

参与这项计划需要经过一个申请程序，囚犯要讲述自己过去的经历和对未来工作的规划。利尔因为是终身监禁，而且年龄偏大，实际上并不符合要求，但他三番五次申请报名填表。对于过去，利尔表达了深深的懊悔；对于未来，利尔的想法是："虽然我不一定有机会出狱，但是我要在监狱里学有所成，以实现个人的人生价值。"利尔的讲述打动了狱方，他和其他12名年轻囚犯获准参加"The Last Mile公益计划"。

监狱给利尔等人发放相关书籍，并定期让他们向硅谷的企业家们学习编程和商务知识。年纪最大的利尔学得很用心，没多久就成了圣昆廷唯一的在读囚犯了，其他12名年轻的囚犯抱怨学习太辛苦，而且也不知道能否学以致用，都陆陆续续地选择了放弃。

经过多年的学习，利尔掌握了高深的编程知识，以50岁"高龄"设计出了名为"沙发土豆"的梦幻橄榄球实况转播软件，成为整个课程学习计划的佼佼者，获得一笔不小的收入。随后，利尔再接再厉，又在监狱中通过自学取得了工商管理学学位。

利尔成功了，一个遭遇终身监禁的犯人，在极度不自由的监狱中，却获得了很多自由人都无法取得的成就。经过种种努力，他获得了假释出狱的机会。出狱后，利尔通过自己的不懈努力，找到了一份教授网络服务课程的工作，开始了一段不一样的人生。利尔告别了监狱，过上了平静而幸福的生活，这是他曾经想都不敢想的事情。

后来，利尔在接受记者采访时说："当时，我总是在告诉狱友和自己，假如我最初没有犯罪该多好。可是，假如永远都只是假如，是那位老狱警点醒了我，让我不再继续不停地'假如'，就算身在监狱，我也没有放弃进取和希望。当然，对于一个终身监禁的犯人来说，在监狱里学习计算机编程，成功的机会很渺茫。但是，我当时下定决心抓住渺茫的机会，因为我不想在更远的未来说'假如我当初选择了学习'。"

皱纹可以改变容貌，却不能改变心态

随着年龄的增加，我们的脸上都会出现皱纹。很多人为皱纹感到恐惧，认为这是老迈的象征。其实，只要你内心的成熟跟上了皱纹的生长，皱纹就不可怕。皱纹只是岁月在脸上的刻痕，是阅历的体现，是经历的反映。

不要认为皱纹等同于衰老，是否衰老看的不是脸上的皱纹，而是内心的状态。一个年轻人，如果整日无精打采，他的心理年龄已经老了。与此相反，一个老年人，如果精神矍铄、乐观自信，他就依然年轻。

概括说来，有的人未老先认老，有的人已老不服老，前者蹉跎岁月、一事无成，后者立志发奋、终有所成。

第二次世界大战期间有很多将军给我们留下了深刻的印象，如乔治·巴顿、伯纳德·劳·蒙哥马利、切斯特·威廉·尼米兹、小威廉·弗雷德里克·哈尔西、瓦西里·伊万诺维奇·崔可夫、亚力山大·米哈伊洛维奇·华西列夫斯基等，这些将军征战在欧洲、北非、大西洋和太平洋上，决定着全世界的未来。但还有一位欧美将军，他同法西斯战斗的地方在东方，在中国云南的天空上，他就是有着"飞虎将军"之称的克莱尔·李·陈纳德。

起飞晚点的"飞虎将军"

克莱尔·李·陈纳德1893年出生于美国得克萨斯州。18岁时成为乡村教师，因为志不在此，25岁考取飞行学校，26岁毕业，27岁取得飞行员执照，正式成为飞行员。

相比于其他正规科班出身的飞行员，陈纳德的参军过程"寒酸"了不少，但这并没影响他对飞行的梦想。

30岁是陈纳德人生的第一个转折点，他被调往夏威夷珍珠港担任第19驱逐机中队中队长。在那里陈纳德编写了《战斗机飞行技巧手册》。1930年，陈纳德被保送到弗吉尼亚州兰黎空军战术学校学习。毕业后，在亚拉巴马州马克斯韦尔基地的航空兵战术学校任战斗机的战术教官。

陈纳德飞机驾驶技术精湛，梦想是驾机翱翔蓝天，如今却拿起书本讲课教学，不能不说对他是一个不小的打击，但他依然为其钟爱的航空事业倾注了大量心血。然而在飞行战术颇受冷落的20世纪30年代的美国军界，陈纳德并没有赢得应有的尊敬和回报。相反还因为在一次军演中批评陆军参谋长吉尔伯特沿袭第一次世界大战时期的堑壕战、无视空军力量，遭到吉尔伯特封杀，于1937年4月心不甘情不愿地退出现役。这一年，他44岁。

与陈纳德同期的战友都荣膺校官军衔，可他44岁退役时仅是上尉。现实的境遇让陈纳德备受打击，其情绪日渐暴躁，身体也趋坏。

军旅仕途终止了，自己已到中年，下一步应该怎么办？找份工作？开个小店？回家乡教学？……其实，不论怎么想，陈纳德的飞行梦都无法放下。他一直希望——甚至是奢望——再次飞上蓝天，他还记得自己的梦

> TIPS
>
> 必须坚持梦想，哪怕再过十年二十年也不能放弃，年纪不能改变我的决心。

想是成为叱咤风云的将军。可是，这些还有机会实现吗？目前的处境及脸上的皱纹都告诉他，已经没有机会了。现实是痛苦的，陈纳德也很痛苦，但他告诫自己："必须坚持梦想，哪怕再过十年二十年也不能放弃，年纪不能改变我的决心。"

机会总在坚持中到来。当时世界格局不稳，风云神速变幻，就在陈纳德茫然无措之时收到好友来信，问他是否愿意到中国任职，帮助国民党政府组建和训练空军。陈纳德意识到这是他重返军界的唯一机会了，便果断同意。

谁也不会想到，陈纳德当时这个决定对他自己有多么大的影响，更没人会想到，这个决定对一个国家有着怎样的影响。当时的陈纳德只想要抓住这次机会，什么年龄、什么语言障碍、什么千山万水，都无法阻碍他继续追梦的决心。

皱纹难以改变战斗的雄心

1937年6月3日，陈纳德被宋美龄任命为民国政府空军顾问，随后他又招募了部分美国飞行员组成了第14志愿轰炸机中队。蒋介石发布命令，正式成立"中国空军美国志愿大队"，由陈纳德担任上校队长。——48岁的陈纳德在遥远的中国实现了晋升校官的心愿。

这时的陈纳德还是"嘴皮子"顾问，没有实际战功，但他准备冲天一战的决心从没变过。

陈纳德率领的美国志愿队无论从战机数量还是性能上，都无优势可言，几乎没有人对这样的空军抱有多大希望。然而陈纳德亲自驾机，率领这支"低配置"空军打出了威风，几次空战都战胜日本空军，歼敌战机数量是飞行队损失的几十倍。美国志愿队如此优异的表现，不仅给日本侵略者以沉重打击，也让饱经战火蹂躏的中国人看到了希望，称美国志愿队的飞机是"飞行的猛虎"，从此，"飞虎队"成为志愿队的代称。

1942年2月3日，国民政府晋升陈纳德为准将。陈纳德从一个鲜为人知的美国退役空军上尉，摇身一变成为中国空军的将军。在反法西斯各个战场处于黑暗的时刻，突然冒出陈纳德带领一小批"兵油子"取得辉煌胜利的消息，立即引起美国人的轰动和兴奋，陈纳德立时成为美国家喻户晓的英雄，获得"飞虎将军"的美称。

看到陈纳德取得了辉煌的战绩，美国政府当然要收到麾下，下令解散"美国航空志愿队"，改组为隶属美国陆军第10航空队的第23大队，与派驻中国的第16战斗机中队组成"美国驻华航空特遣队"，隶属美国陆军第10航空队，陈纳德改任"美国驻华航空特遣队"司令，军衔仍为准将。至此，陈纳德终于获得了祖国的认可，几年的艰苦努力让他最终成为一名将军。

1943年3月10日，"美国驻华航空特遣队"转变为"美国陆军第14航空队"，陈纳德担任少将司令。

自1942年以来，陈纳德率领人们俗称的"飞虎队"摧毁了2608架敌机，击沉和击伤敌方大量商船和44艘军舰。在陈纳德去世前夕，他被晋升为中将。

陈纳德再次起飞时，已经四十多岁，到了很多人认为不能再拼的年纪，脸上的皱纹也会时刻提醒他：你不再年轻了，什么都已经晚了。但陈纳德没有向皱纹妥协，他知道——"皱纹改变的只是容貌，而不是心态"。

40岁还有巨大的潜力

美国有一家专业做民调的公司，什么类型的调查都做，从国家到商业到娱乐到体育，方方面面，包罗万象。其中他们有一项调查是：创业的最佳年龄是多少。这项调查始于1951年，目的是为了鼓舞美国青年战后的创业热情，因为那时的美国青年人被称为"垮掉的一代"。此后这项调查每10年进行一次，看看美国人对于创业的认识是否有所改变。

第一次调查得到的结论是28岁到33岁，这是一个比较理性的年龄范围，但跨度稍小。此后4次调查，结论基本差不多，维持在25岁到36岁。到了2001年和2011年，或许是随着科技高速发展，调查结果分别为22岁到31岁、20岁到30岁。人们普遍的理由是过了30岁还没有找到人生方向的人，就没有了创业的希望。

另有一项针对刚刚步入中年人群的调查：你在40岁左右时想做

什么？

大部分人回答：一份稳定的工作或者一份稳定的事业，加上安稳的家庭和安稳的生活。只有少部分人希望再有所增进，取得更大的成就，但前提是在现有事业的基础上。仅有个别人渴望再一次挑战生活，在不同领域重新开始，从而为自己创造更好的人生。

调查的结果很正常，反映了人的常态心理——更多的人希望稳定，而不是冒险。

接下来的一项调查，仍是问上述被调查者：你们对现状满意吗？

答案多少有些让人出乎意料，所有人的回答都是——不满意。看到这样的结果，心里很是惋惜：面对自己都不满意的人生，为什么大部分人选择接受，而不是努力着手去改变！

再问这些被调查者：你们为什么不选择改变呢？原因几乎众口一词："我都这么大年纪了，想改变也没有希望了。"

难道40岁就老了？老到没有再次奋发向前的力气？

40岁，在愤怒中选择起航

托马斯·约翰·沃森1874年出生于美国纽约州北部一个贫困的农民家庭，父亲是农民兼伐木工，母亲是家庭妇女。虽然家境贫苦，但父亲教育他要正直、认真、乐观、奋斗。

沃森10岁辍学，17岁开始正式工作，为一家五金店走街串巷推销缝纫机。在当时，推销是很被人看不起的工作，年轻的沃森为此没少受白眼，但这也锻炼了他。

后来，沃森辗转找了好几份工作，都没干出什么大的名堂。直到21岁时，沃森经过一次又一次的应聘，才被全国现金出纳机公司录用。他的韧劲也为他赢得了机会，一年后，他就成为拓展东部最成功的推销员。25岁时，他成为公司经理。36岁时，他成为公司二号人物。但在那以后，厄运又一次向他袭来。

荣升的沃森赢得了"平生最成功的推销员"的荣誉，娶妻珍妮特，生子小沃森。正在沃森春风得意之时，老板怀疑他暗中培植亲信，拉帮结派，不容辩解就强行将其辞退。沃森愤怒不已，发誓要自己创业，"干掉"这家负心公司。

这一年，沃森40岁，想要创业谈何容易。虽然拿到了公司给他的一笔5万美元的"分手费"，但也丢了金光闪闪的饭碗。接下来何去何从，沃森心里完全没底。为了寻找出路，他只好带着妻儿来到陌生的纽约，希望在这个国际大都会得到发展机会。

40岁的年龄，按照一般人的想法，早过了创业的年龄，安心找份称职的工作最好。但沃森不这么想，他对自己充满了信心，认为自己的潜力还远远远没发挥出来。沃森告诉自己："只要从现在开始努力，40岁也可以干出一番大事业。"看起来，沃森的决定好像很轻松，但是我们可以想象，其下决定的过程并不轻松。毕竟他已经40岁了，有妻有子，需要承担家庭责任，如果人生的下一步走不好，不仅自己一事无成，而且家庭也势必跟着"倒霉"。

然而每每想到莫名其妙被辞退，沃森就难掩心头怒火。是在愤怒中沉沦，还是在愤怒中起航，沃森选择后者。

决心已定，用心开始

初到纽约时，沃森也有些忐忑不安：40岁的起航虽然不晚，但是这也是一次重要的起航，关系到自己后半生的走向和家庭的幸福。他没有盲目地选择开始，而是用心地寻寻觅觅，希望找到最适合自己的奋斗方式，当然他也需要一次最好的机遇。

经过几个月的苦苦寻觅，沃森的机遇终于到了，他遇到了华尔街最火的金融家，即有"信托大王"之称的约翰·弗林特。约翰·弗林特高度赏识沃森，任命他为计算制表记录公司经理。

这家弗林特下属的公司主要生产计时钟、制表机、天平和磅秤等，因为前任经营不利，已经负债累累。但沃森却对这家公司充满信心，他看中了公司的产品——计时钟和制表机是办公自动化工具，具有广阔的前景。

除了有大老板弗林特的支持，公司里再没有人看得起他，沃森被孤立了。然而沃森没有时间计较这些，他告诉自己：要用成绩说服众人，而不是靠一张一合的嘴皮。

上任后第一件事，沃森向银行申请借贷5万美元，用于产品研发。当银行对公司的偿债能力提出质疑时，他说："负债只能说明过去，而这笔贷款是为了未来。"这句沃森一生中最伟大的推销词打动了银行官员，于是他顺利借得款项。在度过最初的艰难时刻后，公司业绩开始迅速上升。沃森坚持不懈的努力收到了成效，不仅公司经营状况好转，下属也开始正视这位有些能力的乡巴佬。

第一次世界大战结束时，制表机需求量激增，几乎每一家大保险公司和铁路公司都用上了计算制表记录公司生产的霍勒利斯制表机。不久，政府部门也采用了。沃森加快研发脚步，很快就推出新型的打印—制表组合机，迅速占领市场，产品供不应求。1919年，公司的销售额高达1300万美元，利润升至210万美元。

1924年2月，经过10年艰辛努力，计算制表记录公司已经颇具规模，占据大量市场份额，沃森决定将公司更名为国际商用机器公司，简称"IBM"。是年，沃森50岁。从此，沃森开始了自己与IBM融为一体的后32年生涯，带领IBM创造了一个全新的行业，引领世界走进信息技术时代。

沃森能够创造IBM，与其不服输的精神和敢于拼搏的性格有关。40岁，人生的节点，他没有退缩，遵从本心，挖掘潜力，顶住压力，以果敢的魄力和精准的判断，将一家濒临破产的小公司打造成享誉全世界的超级企业。其中的道理值得我们深思，沃森的奋斗精神更值得我们学习。

总结说来，不是所有的成功者都早知早觉，不少人都属于后知后觉。虽然过了青春奔放的年纪，但年纪大了也变得沉稳淡定，懂得珍惜，更有助于事业取得成功。利弊常常就在一念之间，年轻时创业有其好处，年长时创业也不乏优势，主要看怎样利用和把握，当然也要看是否有不获成功绝不罢休的斗志。

唯一的答案是我喜欢

问："你有喜欢的东西吗？"

答："有啊！"

问："你有喜欢的事情吗？"

答："有啊！"

问："你有喜欢的人吗？"

答："有啊！"

再问："你会尽力争取你喜欢的东西吗？"

答："不一定。"

再问："你会为自己喜欢的事情尽力拼搏吗？"

答："说不好。"

再问："你会全力以赴追求自己喜欢的人吗？"

答："……"

这是关于人性的一组问答，被提问者几百人，答案是从所有答案中提取的最多数，最能表达大多数人的意思。从这些答案可以看出，前三个问题的答案非常肯定，后三个问题的答案偏向模棱两可，甚至不知该如何回答。

为什么会这样？因为人的所需基本都一样，但每个人为所需所付出的努力和承受失败的能力却不一样，这就导致了世界上只有少数人能获得成功，大多数人在这样那样的顾虑里失去了奋斗的勇气。而年龄是阻碍一个人奋斗的很大原因，为时已晚是绝佳的逃避现状、回避内心梦想的借口。但是，放眼看看这个世界，很多人就是在人们觉得没有希望的年纪冲破思想的牢笼，坚决做自己喜欢的事情，最终获得外界认可。

"我不是天才，只是做了自己想做的事"

"你是天才吗？"记者问

"当然不是……还远远不够。"埃科回答。

"但您获得了巨大的成功……"记者问。

"我只是做了自己想做的事。"埃科回答。

这是在一次记者会上，记者向翁贝托·埃科提问成功的主要因素是什么，埃科所给出的答案。

埃科是"全球最具影响力的公共知识分子之一""当代最伟大的符号学家""著名哲学家、史学家和文学评论家"，以及"影响世界的畅销小说家"，这些光环每一个都足够耀眼。

埃科于1932年出生于意大利，父亲是一名会计，母亲是家庭妇女。埃科共有12个兄弟姐妹，家庭状况非常一般。

埃科是一个率性而为的人，他先是遵照父亲的意愿进入都灵大学学习法律。可是，拿着法律书籍，埃科心里并不好受——他不喜欢法律。他是应该为完成父亲的目标而努力，还是应该为完成自己的梦想而努力，他心底的答案是显而易见的。于是，在开始正式学习时，他不顾父亲反对，断然放弃法律，转而主修中世纪哲学和文学。24岁时，埃科以一篇有关13世纪意大利神学家和哲学家托马斯·阿奎纳的论文获得哲学博士学位。

埃科从年轻起就形成了特立独行的性格，他只选符合他意愿的事情做，不会为了别人而压抑自己的喜好。几乎所有人都知道学法律有着多么美好的前途，但埃科不这样认为，自己不喜欢的，即便工作体面又有何用？

1954年大学毕业后，埃科成为意大利国有电视网在米兰的文化节目编辑，这让他能够通过媒体审视现代文化，同时，他又在都灵大学任教。在此期间，艾柯与一些前卫艺术家有密切的接触，这些人对他以后的写作有着重要的影响。

1959年，在出版《中世纪美学发展》一书后，埃科再次做出了人生选择，放弃已经打下基础的电视台工作，出任米兰Bompiani出版社非小说类作品的高级编辑。相对于电视台，他更喜欢这份工作，便一直工作到1975年，长达16年之久。这期间，他也为另外几份报刊撰稿、开设专栏，成为意大利先锋运动团体"63集团"的中流砥柱。

"我喜欢"

1975年，埃科43岁了，拥有一份持续了16年的工作，成为一个团体的中流砥柱，还有着不错的行业地位。在这个时候，他还会像以

前一样，再去追求什么吗？或许有人认为他
不会了：这个年纪了，也有了成绩，犯不上
再折腾啦。但埃科不走寻常路，他要继续寻
找理想，为之奋斗。

埃科辞职了。

一份16年的工作相当于一份16年的情缘，他却选择了放弃。这是
一种怎样的勇气！埃科不是没有意识到自己的年龄，但他没有丝毫的
退缩："43岁，对一个有梦想的人来说，其实还相当年轻。"

很多读者知道埃科，大多是从他1980年发表的小说《玫瑰的名
字》开始的。这是埃科发表的第一部小说，1978年动笔，1980年出
版，出版时他已48岁。曾经属于学术界的大师级人物，为什么转型写
小说，很多人都不理解。

"为何突然创作小说？"记者问。

"我有25种答案，说出你的编号吧……"埃科的回答引发现场一
阵笑声，随即他严肃地说，"事实上，唯一的答案是'我喜欢'。"

其实，我们在做什么时，常常只需"我喜欢"这个理由就足
够了。

再晚也晚不过乔治·道森

人生几十年，所谓早晚，都是相对而言。30岁取得成功，是本事；50岁取得成功，也是能力；70岁获得成功，也是一种功夫。所以说，只要下定决心从现在开始奋斗，不管处于50岁、60岁、70岁，都不晚，因为行动和梦想的终点，都是梦寐以求的成功。

苦并快乐着

乔治·道森于1898年出生在美国得克萨斯州马歇尔市的一个贫苦农民家庭，父母虽然整日忙碌，但一家人还是经常挨饿。道森的4个弟妹相继出生后，本来贫困的生活更是雪上加霜。

在道森4岁时，他就开始在家族农场工作。12岁时，他又到附近的一个农场工作，帮助父母抚养弟妹。道森对父母说，自己想上学读

书，以改变家庭的状况。但父母告诉他："像咱们这样家庭的孩子，有几个能上得起学的？这都是上帝的安排，命运已注定了咱们祖祖辈辈都是受苦的命。"

悲苦的童年虽然剥夺了道森接受教育的机会，但父母教导他的话却铭记在心："咱们家虽然穷，但你要学会躲避烦恼，做一个正直的男子汉，不要因为贫穷而做出什么丢脸的事。"这让他养成了开朗乐观的性格。接下来的25年里，他换了很多种工作，每天辛勤地劳动。

道森经常逃票坐火车旅游，游历了墨西哥十几座城市，还去加拿大看了雪景。总之，尽管条件非常艰苦，道森却过着非常快乐的生活。

道森结婚后，他的6个女儿相继出生，他非常开心。夫妻二人辛勤劳动，家庭状况得到一定改善，但他依然目不识丁。为了不让孩子们知道自己不识字，每当孩子们做作业时，道森都装出很有学问的模样，远远地坐在一边，笑眯眯地看着他们，却一句话也不敢多说，生怕露出破绽。

纸不能包住火，道森不识字的秘密最终还是被长大的孩子们发现了。从此，道森就生活在尴尬的境地，总觉得自己低人一等，在孩子们面前抬不起头来。

显然，不识字这件事在道森心里是不能被触碰的痛，这里面包含着他童年的苦难，也有他未曾改变的人生。

"我不是年纪最大的"

年复一年，日复一日，生活简单重复着，转眼到了1996年，道森98岁了。

一天，道森坐在自家院子里晒太阳，社区教师迪奇·米歇尔走进来对他说："这几天社区正组织成年人扫盲班，让我负责，一上午一直在忙，想在您这里讨杯水喝，可以吗？打扰您了。"

米歇尔话音刚落，道森眼里顿时放出了光芒，他一边递水给米歇尔，一边激动地问："你是说社区办扫盲班吗？什么时候开始？我可以去吗？我，我98岁了，你们接收吗？"

米歇尔一愣，立即又笑着说："当然可以，只要您愿意去，我们热烈欢迎，现在扫盲班已经开始上课了。您真的想去吗？"

道森还是有些犹豫，但眼神又十分渴望。米歇尔看出来眼前这位老人的内心是多么希望能实现这件事，于是就热切鼓励道森，让道森马上就去。终于，道森站起来，说："好的，谢谢你！既然这样，我们就不再耽搁时间，这就去。"

米歇尔带着道森走进了卡尔·亨利老师的教室，说："嗨，我给你带来了一位好学生，乔治·道森先生。"

亨利迟疑了一下，随即以热情的口吻说："我很荣幸能成为您的老师。"正在上课的学员们都以惊诧的目光望着这位"老同学"。

道森向大家做了自我介绍后，笑着说："我想我应该不是年纪最大的学生，以后肯定有超过我的。"大家报以热烈掌声。

就在所有人都怀疑这位老人是不是心血来潮，能不能坚持下来时，道森开朗乐观的性格逐渐被大家接受，不到一周的时间，他就和班里的学员们成了好朋友，看着儿孙辈的同学，他每天开心得不得了。

道森由此开始了全新的生活，每天早上8时30分把一切学习资料准备好，等老师开车接他去学校开始一天的学习。这是他人生第一次学习的机会，道森很珍惜，也很用功，仅用了一周，就记住了全部英文字母，比所有学员的速度都快。为此道森很骄傲，回家后对儿孙们说："开始时，Z和F这两个家伙一直对我进行抵抗，但我最后还是把它们战胜了。"

道森参加扫盲班后还产生了一个有趣的现象：他没参加学习之前，班上经常有学员逃课，还有辍学的，总之抵触情绪严重；道森参加学习之后，他勤奋好学的精神感染了所有学员，逃课现象没有了，辍学者又重新回到了学校，大家的情绪由抵触变成了热情。大家一致推举道森担任班长。"我应该是世界上最老的班长了，哈哈……"在道森自律勤奋的精神带动下，所有人都坚持学完了全部功课。

怎么会有人在98岁时还想着要学习提高自己呢？就算是学到了一些知识又有什么用呢？对！这就是很多人认为年纪大了，不用再去学习的原因。他们认为到了一定的年龄，学习是一件没有意义的事。显然，道森不这样认为，98岁怎么就不能学习？98岁学习怎么就没有用处？98岁怎么就不可以有梦想？

于是，在98岁的高龄，一个令人尊敬的年龄段，道森选择做一名扫盲班的学生，同时也成为一位令人敬仰的有魅力的老人。

最不寻常的行动

参加扫盲班一年后，道森令人惊讶地以全班第一名的成绩毕业了。"我没有愧对班长的称呼。"道森自信满满地宣称，同时也给了周遭的人一种鼓励。

接着，99岁的道森开始尝试写作，并给报刊投稿。不久，一篇以他自己的生活为题材的500字短文在当地一家杂志发表，引起了不小轰动。

理查德·格卢布曼是西雅图的一名小学教师，他看到了道森的文章，认为作者不但有着深厚的生活底蕴，而且叙述故事也非常生动，对今天的孩子非常有教育意义。于是格卢布曼找到道森，进行了几个小时长谈，建议并鼓励道森将自己的故事写成一部长篇小说。

"我可以吗？我99岁了，只上过一年扫盲班。"很明显，道森有些犹豫。

格卢布曼鼓励道森说："当然可以啊！您看，您在98岁时参加扫盲班，这就是一个奇迹，您之前也没想过会成为现实，但您去了，还成功了。您在99岁发表短文，也获得成功了，又是一个奇迹。难道您不能再创造第三个奇迹吗？我认为您可以，您要相信自己。"

奇迹之所以被称作奇迹，就是因为在意想不到时梦想成真。"晚"不是用来给我们惋惜的，而是用来给我们创造奇迹的。

在格卢布曼的鼓励下，道森决定开始自己人生中最不寻常的一次行动。他专注写作，每天笔耕不辍地工作8小时，并且认真修改，遇到不好表达的地方，就自学其他词汇。总之，99岁的道森要力争写到最好，留下缺憾不是他的性格。

经过3年的不懈努力，道森102岁时，他的自传体长篇小说《索古德的一生》问世了。这是道森人生最光辉的一笔，同时也创造了两项吉尼斯世界纪录：世界上年纪最大的学生和世界上最老的处女作作者。

道森成功了，不仅在百岁年纪跻身作家行列，还成为全世界敬仰的长者。所有人都认为道森是一位带着传奇色彩的幸福的老人。记者纷纷采访他，希望这位百岁老人谈谈自己对幸福的理解，道森笑眯眯地对记者说："幸福与诚恳是分不开的，任何想投机取巧的人，都休想踏进幸福大门一步。只有懂得生活真正含义的人，才会感受到爱的温暖和人生的幸福。我的经历已经告诉了大家，我真正的幸福生活才刚刚开始。"

第
三
章

只要开始，
永远都是恰逢其时

开始时，我们没有顾虑，想做就去做
了，就像一趟旅途，说走就走了。只
要开始了，只要出发了，这个时刻便
是最恰当的时刻。试想，在最恰当的
时间做最想做的事，这是何等美妙和
惬意的事情。

我有你需要的后悔药

人生在世，少不了种种的挫折和打击，失败也总是不期而至。等到四面楚歌的时候，人们总会产生后悔心理：想着如果当初能那样干，想必事情就不会失败了；如果当初换一个方向前进，结果肯定也会好很多；诸如此类。有这类想法并不奇怪，毕竟很多人都希望自己的人生走得从容，成功也来得自然而然。然而，现实却是调皮的，冷不丁就跟我们开起了玩笑。这时，人们就会开始反思，若是认定失败缘于外部原因就会气愤不已，倘若缘于自身内部的原因，就会后悔不迭、叹息不止。

生气了、抱怨了、后悔了、叹气了，事件也就到此为止，不会再有任何的后续发展。生气可以、抱怨可以、后悔可以、唉声叹气都可以，然而在这五味杂陈的"心理情景剧"结束后，我们要思考的是，今时今日如此诸多的"后悔"，如何成为明天最宝贵的营养。

自己的力量

一个三十多岁的独臂乞丐来到一户人家门口，向正在浇花的女主人乞讨。女主人看了他一眼，说："我可以给你钱，但你要帮我把这堆砖搬到屋后面去。"

乞丐一听就生气了，他用左手指着自己的右边说："其实，我曾经也有一双健全的手，可是因为一场意外失去了右手。我没有右手，你还叫我搬砖？！如果你不想给钱就算了，何必刁难、羞辱我呢？"

女主人也不跟他多说，用自己的左手拿了一块砖，搬到了屋后面，然后对乞丐说："你看到了，一只手照样能干活儿，我能做到，你为什么不能做到？少了一只手臂，不意味着彻底丧失生存能力，更不是必须靠乞讨为生的理由。"

听了女主人的话，乞丐一下子愣住了。他应该是第一次听到这样的话，瞪着眼睛，鼓着嘴巴，用异样的眼光看着女主人，半天没有说话。过了一会儿，他弯下腰，用仅有的一只左手搬起一块砖，搬到不远处的后院里。就这样，一次搬上一块砖，花了两个多小时才把所有的砖搬完。

搬完后，女主人递上一杯热水和20元钱。乞丐喝了热水，接过20元钱，感激地说："谢谢。"

女主人说："不用谢，这是你应得的工钱，是劳动所得。"

乞丐拿着这20块钱，脸上的神情是骄傲的，他在想："这是我凭劳动赚到的钱，这钱沉甸甸的，仿佛有我整个生命的力量。"他缓步走了，沿途没有再向其他家乞讨。

几年过去了，突然有一天，一个颇有气派的大老板来到女主人的家，他只有一只手臂，他就是当年那个搬砖的乞丐。不过，如今他已经是一家公司的负责人了，这次是专程来感谢女主人的。他说："如果不是你当年警醒我，可能我现在还在靠乞讨混日子，绝不会有今天的成就。"

雨果写过这样的话："我宁愿靠自己的力量打开我的前途，也不愿求有力者的垂青。"依赖是对生命的束缚，后悔是对生命的延误。既然过往不可再回，就不要沉浸在对过往的后悔中。

这个乞丐有过依赖心理，也必然为曾经导致自己失去右臂的行为后悔过，但是他最终因为那位女主人的警醒醒悟了，不再乞讨，不再苛求怜悯，而是靠自己的力量打开了新局面。

掉进水里不会淹死，泡在水里才会死

松本清张于1909年生于福冈县的一个贫苦小商贩家庭，13岁就被

迫辍学谋生，最初到一家电气公司当徒工，后来又去印刷厂当石版绘图的学徒。在28岁那年进入《朝日新闻》福冈分社当计件工，后来又在广告部当制图工。

1943年松本清张应征入伍，被派往朝鲜当卫生兵，战后遣送回国，到报社复职。战败的日本经济非常萧条，报社的工资已无法满足养家糊口的基本要求，为了养活一大家子人，松本清张不得不另谋副业，奔波于关西和九州之间，批发笤帚。

41岁之前，松本清张的人生就从未跟贫困和失败分离过，艰辛的生活让松本清张几乎丧失了对生活的信心，他也不再去寻找目标，只是行将就木般地活着。但是松本清张有一项爱好被保留下来了，就是阅读。他读了大量文学作品，尤其偏爱描写底层劳动人民生活的作品。他一度非常想尝试创作文学作品，但现实生活的困窘和对未来毫无希望的消极态度，让他很快就打消了这个念头。

如果你是一粒金子总会发光，关键是当上苍给你机会时，你必须抓住。

1950年，《朝日周刊》举办"百万人小说"征文比赛，第一名可获30万日元巨奖，第二名可获20万日元，第三名也有10万日元奖励。松本清张作为内部员工很早就得知了这个消息。此时，他依然不认为写作有什么意义，他只看到了这笔可观的奖金对于贫困的家人是多么重要。于是，松本清张决定试一下，万一获奖了，家庭生活就会宽裕些。

抱着撞大运的心态，松本清张开始了创作。当时他连墨水和稿纸都买不起，只能用铅笔在一个纸质很差的本子上写小说。这篇处女作名为《西乡钞票》，没想到，获得了三等奖，得到10万日元奖金。这对生活极端困窘的松本清张来说，可是一个天大的喜讯。与此同时，他发现自己竟然有写作的天赋，着实高兴万分。

在高兴之余，松本清张又开始了深深的后悔自责，他埋怨自己为什么那么早就对生活失去了信心，以至于年过四十，才偶然间发现自己的强项。想到这，他不禁打了个寒战，若不是这次"百万人小说"征文大赛，若不是自己偶然决定参加，或许一辈子都不会意识到，原来自己并非一无是处，也有优势。

后悔了一段时间后，松本清张决心面向未来，过去的再后悔也找不回来了，不用再计较了，以后加倍努力，尽可能弥补过往的遗憾。此时的松本清张心情激动得仿佛少年人，人生从无望到有望的转变，他始料未及却美妙至极。从此，他开始专心写作。

虽然得到了10万日元奖金，但对于松本清张的家庭来说是杯水车薪，一家人的生活状况依然很差。松本清张与父母、妻子、5个孩子，一家9口住在一间小屋内。到了夏天，蚊子猖獗，妻子与5个孩子睡一个蚊帐，父母睡一个蚊帐，松本清张白天工作，晚上不顾辛劳，伏在昏暗的灯下一边写文章，一边用扇子赶蚊子。这种艰苦的环境锻炼了他的毅力与自强不息的信心。

1952年，松本清张写出《〈小仓日记〉的故事》，投寄给《三田文学》杂志，得到著名作家木木高大郎的赏识，获得第28届"芥川奖"。"芥川奖"是日本文坛的文学新人奖，43岁的松本清张以文学新人的身份崭露头角。

1955年，松本清张创作《埋伏》，一举跻身推理小说家行列。此后，他陆续写出了《点与线》《隔墙有眼》《零的焦点》《日本的黑雾》《女人的代价》《恶棍》《砂器》《谋杀情人的画家》等作品，共计两百余部。

1963年，松本清张被推选为日本推理小说协会理事长，被誉为"推理小说的清张时代"。他的作品打破了早年日本侦探小说"本格派"和"变格派"的固定模式，开创了社会派推理小说的全新领域，他成为日本社会派推理小说的开山鼻祖。

松本清张的前半生如同掉进泥潭一般，怎么努力也拔不出脚，几乎丧失了对生活的信心。但当他无意间发现了自己的优势后，他也曾后悔，但他没有让后悔困住，而是兴奋地、自信地、坚韧地将后悔转化为动力，为自己的人生插上了腾飞的翅膀。

做喜欢的事是最美妙的开始

还记得小时候，父亲问我："你觉得做什么事最开心呀？"

那时候我懵懵懂懂，不明白父亲的问话是什么意思，本能地回答："做喜欢的事情最开心。"

我看到父亲的眼睛里闪烁着泪光，不明白他怎么会这样，还以为是自己回答得不好。当我茫然不知所措时，父亲把我抱在怀里，说："谢谢你，儿子！谢谢！你帮了爸爸，没有你，爸爸不知道该怎么做！"

当时我真的有些迷糊了，但觉得帮到了父亲还是很开心。长大以后，我渐渐懂得了很多事，才明白父亲当年是为了什么。那时候，父亲面临选择，继续做他不喜欢但却做了10年的工作，还是追随本心做他喜欢的事情。父亲难以抉择，结果我帮他做了决定，他遵从了本心。后来父亲不仅有所成就，还过得很开心，我们一家人一直都过得很开心。

父亲问我一个小孩子，他希望从我这里得到人性最本真的回答。他得到了，知道了该如何抉择。

一个人无论多大年纪，做自己喜欢的事情就会高兴。但因为成年人有了各种各样的牵绊，想法就会有负担，无法遵从本心。只有抛开杂念，做到本心第一时，才会真正明白遵从本心的美妙。那是一种无与伦比的幸福感，能让人全身心地付出，全心全意为之奋斗也不觉得辛苦。

半路出家，大师找到归宿

半路出家往往代表一个人真的喜欢某个行业，不然不会在年纪一大把时还改行，下面我们来看看一位半路出家的建筑师的故事。

丹尼尔·里伯斯金，被世人称之为"疗伤建筑大师"，是美国世贸中心重建项目总体规划师。童年时，里伯斯金有着与生俱来的音乐天赋，擅长演奏手风琴，梦想当一名音乐家。里伯斯金在纽约读完中学后，进入大学学习音乐。"我要成为一名音乐家。"里伯斯金一直这样告诉自己。因为天赋很高，他的成绩一直很突出，代表学校出国演出，自己也参加过比赛，都赢得了赞誉。

年轻的里伯斯金一点点地实现着成为音乐家的梦想，但他的心里却总觉得缺了点儿什么。虽然在音乐方面有天赋，成绩也很好，但他却感受不到快乐。他不明白这是什么原因，为什么自己感觉不到快乐？

经过长久地思考，里伯斯金终于有了模糊答案——难道音乐不是自己最喜欢做的事情？这时候他才发现，原来在他心里一直隐藏着一个地方，那里有他的终极爱好。快到中年了，里伯斯金终于知道自己最喜欢的是什么，是建筑。他喜欢欣赏建筑物，从小即是如此，每次走在街上，他都留心每一座建筑，为它们做出"诊断"，在心里思考如何"治疗"。晚上回来，时不时还会画一画他设想的建筑。他明白了，这日思夜想的建筑才是自己的兴趣所在。

发现了自己的"最爱"，里伯斯金希望能为"最爱"奋斗。但他也有犹豫——自己的音乐达到了一定造诣，就这样放弃未免可惜。经过几番心理挣扎，里伯斯金最终决定放弃音乐，改行建筑。这一年，里伯斯金41岁。

人到中年，改行对自己是极大的挑战，为了能尽快适应，里伯斯金重返校园一年，系统学习建筑设计。然后又从音乐和绘画等艺术中吸取灵感，为自己的作品注入美感和情感。加上自己人到中年对生活的感悟，里伯斯金的建筑造诣日益精进，短短两年时间，就在世界建筑领域有了名气。

1989年，里伯斯金接到柏林市政府的一封信，邀请他参加柏林犹太博物馆的重建设计竞赛。最后，他提交的方案中标，于是有了现在的德国柏林犹太博物馆。1990年，他创立丹尼尔·里伯斯金工作室，自己担任首席设计师。2003年，里伯斯金击败7位强劲对手，成为美国世贸中心重建总规划师。

在搞建筑的时间里，里伯斯金得到了前所未有的快乐，每天的工作对他就是一种享受，他喜欢沉浸在设计中，他说这种感觉是甜蜜的、美妙的。

摩西奶奶与渡边淳一的故事

1960年，100岁的摩西奶奶——美国最著名和最多产的原始派画家——收到一封来自日本的信，信的署名是春水上行。春水上行在信中说自己喜欢文学，几乎到了痴迷的地步，每时每刻都想从事文学创作。但是，在大学毕业后，受制于生活的现状和亲情的压力，找了一份自己并不喜欢的医学工作。虽然这份工作表面上看来很不错，但他从做这份工作的第一天开始，就没有快乐过，一分钟也没有。他心心念念的就是文学创作。现在，自己27岁了，还在做着不喜欢的工作，每天都感觉像被撕裂了一般——现实逼迫他继续现在的生活，但内心告诉他必须追求自己的生活。如今他越发迷茫，不知道要不要继续做这份折磨人的工作，而将自己喜欢的文学梦彻底放弃。

年轻人，你应该去做自己喜欢做的事情，这样上帝才会愿意帮你把成功的大门打开。

看完信，百岁高龄的摩西奶奶明白了这个年轻人内心的挣扎和痛苦。她戴上老花镜，给春水上行回复了明信片，写道："年轻人，你应该去做自己喜欢做的事情，这样上帝才会愿意帮你把成功的大门打开，哪怕你已经80岁了……"

这位春水上行就是后来鼎鼎人名的渡边淳一，他听从了摩西奶奶的建议，弃医从文做了自己喜欢的事情。

有一种"后悔"叫大器晚成

后悔并不可怕，那是对过往人生的一种反省，反省了过去的不足和错误，才能对以后的人生有所裨益。

也就是说，唯有在后悔中吸取教训，在后悔悟得人生的意义，才能让我们在未来的行程中扬起风帆；唯有当我们用好了"后悔"，我们才会明白有一种"后悔"叫大器晚成，曾经的"后悔"都是未来成功的营养。

有一种"后悔"叫奋起

提起"三苏"，几乎无人不知，苏洵、苏轼、苏辙父子三人在中国文坛有着极高的地位，但你知道"三苏"是怎么练成的吗？尤其是奠定苏门荣耀的苏洵，他是如何成长的吗？

苏洵性格疏狂，自幼不喜欢读书。7岁进入私塾，学习断句、作诗文，但没有学会就放弃了，从此整日游手好闲，玩玩乐乐。父亲见他实在不成器，想让他定下性来，便在苏洵18岁那年为他迎娶同岁的程氏女子为妻，期望其婚后能有所改变。

但老父亲的希望落空了，苏洵依然没有长进，不仅不读书，还学着李白和杜甫的任侠与壮游，到处游走。即便一岁女儿夭折，也没能让他沉下心，好似不知有生死之悲一样，依然终日嬉游。

父亲劝诫他要立男儿志，上报皇恩，下敬父母，可苏洵认为家中一切都由父亲打理，自己没有什么责任，根本不理会父亲的忠告，依然我行我素。

转眼，苏洵25岁了，这期间他有了儿子，母亲病逝，但仍然没能终止他与狐朋狗友们纵情玩乐。在别人眼中，苏洵已经废了，父亲也对他失望至极，再不予告诫，态度是纵而不问。

别看苏洵整日玩乐，不读书，但他却想考取功名。此时的苏洵并未意识到自己的盲目，反而认为自己聪明，同辈人都不如自己，读书没什么难的，想考就能考中。于是，他一开始就没认真学，在将近两年时间里只在无聊时翻翻书、动动笔，如此就去参加乡试了，结果自然是落榜。

这次"意料之外"的失败让苏洵很震惊，他从没认为自己有这么差劲，竟然乡试不中，自己真的聪明吗？回到家中，苏洵把自己关在房间里，两天不吃不喝，开始检讨反省。回想自己二十几年的经历，简直荒唐至极，大好时光毫不珍惜，都在玩乐中浪费了，却自认为很聪明，简直愚不可及。他又翻出自己写的几百篇旧作细读，不禁喟然叹道："吾今之学，乃犹未之学也！"愤然将这批旧稿一把火烧个干净，与过去斩断纠葛。

苏洵想到自己已经27岁了，失去了很多时间，但从现在开始奋发学习，依然有几十年的时间，而如果还不能振作奋起，人生就真的没有希望了。

于是他谢绝宾客，闭门攻读，手不释卷，每日端坐在书斋里，苦读不休达六七年，并发誓读书未成前不写任何文章。经过苦读，苏洵终于文才大进，下笔如有神，顷刻数千言。

1056年，47岁的苏洵带着儿子苏轼和苏辙到汴京，谒见翰林学士欧阳修。欧阳修很赞赏他的《权书》《衡论》《几策》等文章，认为可与贾谊、刘向相媲美，于是向朝廷推荐。一时公卿士大夫争相传颂，苏洵名望大盛。

一年后，苏洵的两个儿子苏轼和苏辙同榜应试及第，轰动京师。几年后，52岁的苏洵被任命为秘书省试校书郎。同年，苏轼被任命为大理评事，苏辙被任命为秘书省校书郎。父子三人均凭借文采赢得皇帝赏识，同朝为官，一时传为佳话。

苏洵的故事告诉我们，也许在过往的岁月犯了些错，耽搁一些时间，后悔过后只要懂得奋起直追，一定有希望创造奇迹，创造美好的未来。

40岁创业没什么大不了

小米手机已经家喻户晓，尽人皆知，你是否知道创立者是在40岁的年纪才开始筹划？你是否相信创立者经历人生风雨起落却始终初心未改，一定要让自己实现18岁的理想？这个创立者就是雷军——如今智能手机领域的风云人物，人们口中的"雷布斯"。

梦想不怕搁置，就怕忘记

功成名就后的雷军说，他18岁时读过一本书叫《硅谷之火》，这是他的梦想之源。这本书的内容主要是讲述苹果、微软等公司如何用技术改变世界。建立一家世界一流的企业，用先进的技术改变世界，这是雷军的梦想。"乔布斯说活着是为了改变世界，因为美国人认为他们就是世界的中心，我活着是为了科技报国。"雷军如此描述他的梦想。

　　雷军的第一次创业如同儿戏一样，匆匆开始，匆匆结束。"现在想来很荒唐，像过家家一样。"雷军说，那段创业经历，让自己看清楚了现实——没有哪家国内大企业是大学生做成的。所以，时至今日，雷军依然反对大学生创业，也反对"成功要趁早"的说法。

　　"我反对大学生创业，因为这事我干过。"雷军得出这样的结论是他的切身感受。经济发展的规律也的确如此，年轻人永远都是商界的配角，我们不能只看到一个成功的马克·扎克伯格，还要看到更多的年轻人没能成为马克·扎克伯格。

　　创业不成，雷军决定从为他人实现价值来间接提升自己的能力和地位。1992年初，雷军进入金山公司，一直工作到38岁。雷军为金山呕心沥血十几年，从底层主管做到CEO，完成了金山的IPO上市。

　　看起来，雷军已经功成名就了，但他最初的梦想呢？还在吗？还在，雷军并没有忘记。雷军18岁时的梦想从未消失，反而愈发强烈了，年近四十的他开始思考，接下来要怎么做，是继续眼前大好的前途，还是为了梦想再次"裸装"上路？

　　梦想的丝线依然搅动得雷军内心难平，他要将梦想释放，让自己的人生无悔。

　　2007年12月20日，雷军辞去了金山CEO职务。

40岁创业没什么大不了

40岁前的雷军，在追梦的道路上做了太多事：卓越卖了，金山上市了，天使投资也不错……但雷军说，18岁时的理想一直没实现，心里不踏实。

于是，"小米"诞生了。

2011年，年过40岁的雷军决定复出，从零开始创办小米科技。

很多人看到雷军年逾不惑选择创业，还是在向来以年轻人为主导的互联网行业里，都认为雷军已经老了，不该折腾了。但雷军不这样认为，他不信邪："大家认为对'互联网+'行业来说，40岁已经老了，应该要退休了。但是我特意查了一下，柳传志是40岁创业的，任正非是43岁，我觉得我40岁重新开始也没有什么大不了的。我坚信人因梦想而伟大，只要我有这么一个梦想，并为之奋斗，我就此生无憾。"

雷军也做好了输的准备，他说："如果输了，这辈子就彻底踏实了。"为何踏实？因为至少奋斗过，不会因为害怕连尝试都不敢，导致老了以后后悔。

对于该如何打造小米，雷军的想法很简单也很切实，就是"不能总想着去证明自己"。证明自己是很多曾经的成功者再次创业后的症结，希望能尽快完成蜕变，赢得生前身后名，如此反倒容易走弯路、走错路。雷军清醒地看到了这一点，他每一步都走得很踏实。

如今，小米手机已经成为中国市场上的主流手机品牌，成了很多人的首选，"米粉"随处可见。小米的每一款手机都受到好评，这是雷军创业之初没有想到的。"虽然没想到这么快获得认可，但在心理上还是觉得这是正常的，小米是可以和外国品牌抗衡的。"

想成为强者，就忘记自己的年纪，执着于梦想，成功的那天不会遥远，就算没有成功，至少也为梦想奋斗过。

24年了，该做些改变了

一件事或一份工作干了整整24年，相信很多人都不愿意把所有的付出归零，开始另一段冒险人生。只有敢于冒险的人才选择改变人生。

呼唤出24年的等待

吉列剃须刀代表剃须刀行业最高端精密的技术，是世界首屈一指的剃须刀品牌。你知道如此全球瞩目的品牌究竟是如何创造的吗？

吉列品牌的创始人叫金·坎普·吉列，1855年出生于美国芝加哥，父亲是小商人，收入很不稳定，家境时好时坏。

原本日子还过得下去，但在吉列16岁那年，父亲被人欺骗，生意破产，一夜之间家徒四壁，债主纷纷登门。正在上学的吉列为了减轻家里负担，只得辍学，这是他人生遭遇的第一次重大挫折。为了维持生计，吉列必须走向社会，寻找一份力所能及的工作，帮助父亲养家。

当时的美国社会竞争非常厉害，满大街都是失业者和寻求工作的人，人人都承受着生活的巨大压力。对于一个没有学历、没有任何工作经验且尚未成年的人来说，要找到一份工作，难度可想而知。但吉列冷静分析，认为自己唯一能找的就是推销员的工作，只要做好了，收入不成问题。

于是，少年吉列走上了推销员之路。学问制约了吉列与客户谈判的成效，经验阅历也让很多客户不屑与他合作。经过常人难以想象的艰辛努力，吉列终于成为合格的推销员。

推销员的工作虽然能获得不错的收入，但异常辛苦，也不稳定。激烈的竞争环境中，吉列整天忙忙碌碌地为公司推销商品。艰辛的推销员生涯使吉列的意志和能力受到磨炼，也积累了不少营销知识和社会经验，这也让他逐渐成熟起来。但吉列不甘心就这样过一辈子，他在寻找进步的机会，希望拥有自己的事业。岁月在不甘心中慢慢过去了24年，吉列40岁了。

看着自己的眼角爬上的鱼尾纹，吉列很清楚地知道，不能再蹉跎岁月了，要勇敢地拼一回。

机会往往出现在决定开始的那一刻

吉列下定决心后内心兴奋不已，恨不得马上辞职，开始一段新的人生。

一天，吉列来到卫生间修饰打扮自己。与以往不同，过往修饰打扮的目的是去工作，而这次是去辞职。当吉列拿起剃须刀准备剃须的那一刻，他眼睛和思维都凝固住了，好像突然想到了什么。当时的剃须刀，刀身和刀柄连在一起，既笨重又不灵活，由于刀身不能更换，富人可以用几次就换新的，但普通人只能频繁地磨刀片才能使刀片更快一些，但磨出来的刀片自然没有刚出厂时锋利，因此刮脸费时费力，稍不留神还会刮破脸。磨刀片有两种方法，一种是送到专业磨刀店里打磨，另一种是在刀布上来回磨。前一种对于普通人家来说仍然较为费钱，所以一般百姓都是自己动手磨一磨将就着用。

吉列的收入只是普通水平，也深受剃须刀不灵便的烦恼，以往在刮脸时常会想，要是能有一种锋利、便利的剃须刀就好了，但念头常常就是一闪而过。而这一天，吉列突然意识到，这就是一个极好的机会——既然为数众多的人都在使用这种"不得人心"的东西，谁先做出改变，谁就能迅速赢得机会、获得财富。

吉列产生了研发新式剃须刀的想法，但想到容易做到难。吉列没有任何关于剃须刀的设计经验，并不知道从哪里开始着手。后来，曾经推销过的一款新型瓶塞给了他启发。那种瓶塞打破了瓶塞只能重复使用的惯例，属于一次性产品，用完即扔，价格也因之低廉，制作也简单。吉列想到，如果能让刀片实现价格低廉、用完即扔，不就革新了现有剃须刀吗?

想到就做，吉列不想再浪费一点儿时间了，每天都忙碌操作锉刀、夹钳等各种工具，目的就是让刀柄与刀片分开，制作出一种廉价却锋利的薄刀片，用时安卜，用完扔掉。

吉列在把设想变成现实的过程中，却成为朋友们取笑的对象。大家都认为吉列的想法是空想，属于做无用功，应该趁早放弃。然而吉列毫不动摇，继续研制，还经常去请教机械制作专家。

吉列把刀柄设计成圆形，便于拿握，上方留有凹槽，能用螺丝把刀片固定。刀片用超薄型钢片制作，安装时夹在两块薄金属片中间，露出刀刃，使用时刀刃与脸部可形成固定的角度。这样，刀片既能方便地刮掉脸部和下巴上的胡须，又不容易刮破脸。确定设计方案后，吉列请专业人员制作出了样品。样品与传统剃须刀相比，高下立分，无论是锋利程度还是安全性能，都有了很大的提高。

1901年，机械工程师尼克逊成为吉列的合作者和赞助人，美国安全刮胡刀公司——即后来的吉列安全刮胡刀公司——正式成立。

吉列的安全剃须刀比其他剃须刀成本略高，吉列并不"出售"剃刀，而是出售5美分一个的吉列专利刀片，由于一个刀片可以使用6至7次，因此每刮一次脸所花的钱不足1美分，而去理发店刮脸一次大概需要10美分。再加上剃须刀和刀片分离，新刀片安装很方便，省时省力，使用时不会伤及皮肤。这样，消费者自然愿意花钱去买吉列剃须刀全套产品。

可以说，吉列靠一种信念、一种坚持、一个创意、一个灵感，使得世界有了方便、安全的吉列剃须刀。

餐巾纸上的伟大作品

我心情烦乱的时候会在餐巾纸上写字。我喜欢写字时那种软软的、柔柔的感觉。随着笔尖游动，字迹慢慢落下，心也慢慢沉淀下来。

这只是我的喜好，但现实中，却有人必须每天都在餐巾纸上写字，因为她在完成她的作品，她买不起纸，餐巾纸是她能免费得到的唯一纸品。

一个念头里面的无奈

乔安妮·罗琳是谁？你可能不知道。J.K.罗琳是谁？是《哈利·波特》系列作品的作者。J.K.罗琳就是乔安妮·罗琳，J.K.罗琳是笔名。

　　罗琳小时候是个戴眼镜的相貌平平的女孩，非常爱学习，有点儿害羞，还比较野。5岁时，小罗琳开始上小学，她的爱好是写作和讲故事。

　　谁也不会想到，最终罗琳将讲故事的天赋发挥得淋漓尽致，成为她人生最大的资本。

　　1983年秋，罗琳开始在英国埃克赛特大学学习，主修法语和古典文学。1987年春，罗琳大学毕业。

　　1989年，罗琳24岁，在一次乘坐从曼彻斯特前往伦敦的火车上，无意间在窗外看到一个瘦弱、戴着眼镜的黑发小男孩在对着自己笑。那笑容好温暖，又好神秘，仿佛小男孩是一个有着某种特殊魔力的小魔法师，要给予罗琳某种不为人知的能力。

　　罗琳心头一震，思绪瞬间飘荡起来，可以借助这个孩子讲述她想讲的故事：这个孩子是谁？他是哈利·波特，一个小魔法师，出生于……成长于……遇见了……遭遇了……虽然罗琳的手边没有笔，但她已经开始了天马行空的想象。于是，哈利·波特诞生了：一个11岁的小男孩，瘦小的个子，乱蓬蓬的黑色头发，明亮的绿色眼睛，戴着圆形眼镜，前额上有一道细长、闪电状的伤疤。

　　哇！那个小男孩给予她的灵感太惊奇了，她迫不及待地要开始创作，脑海中时常浮现哈利·波特的样子，梦境里都是她所畅想的故事。但是……

1990年，经不住男友的反复要求，罗琳勉强同意搬到曼彻斯特和其居住。随后，罗琳在曼彻斯特商会找了一份秘书工作，后来又在曼彻斯特大学工作了一段时间。

有了非凡的灵感，现实却没有给罗琳创作的机会。罗琳开始了按部就班的生活——工作、结婚、生子、持家，至于哈利·波特，只能埋在心里。

一部作品背后的心酸

男友的自私让罗琳感觉倍受禁锢，一年之后，她果断离开曼彻斯特，来到了葡萄牙，开始新的生活。

为了养活自己，罗琳在葡萄牙奥波多的一家英语学校做了英语教师。其间，罗琳一边恢复心情，一边开始创作《哈利·波特》。但创作刚刚开始，另一场爱情降临了。在一家酒吧里，一个名叫乔治·阿朗特斯的新闻系学生对罗琳一见钟情，对她展开热烈的追求。

1992年10月16日，罗琳与乔治·阿朗特斯结婚。有了家庭，罗琳又将生活重心移到了家庭，《哈利·波特》再次被搁置。

第二年，女儿杰西卡出生。可随着女儿的降生，两人的感情不仅没有升温，反而降温了，争吵弥漫在家中。在一次激烈的争吵之后，乔治把罗琳和4个月大的女儿扔在了奥波多的街头。罗琳无奈又气愤，带着女儿回到苏格兰爱丁堡。1994年，女儿一周岁生日刚过，罗琳向乔治提出离婚。

这次离婚对罗琳打击很大，她一度患上了认知障碍，如果不及时进行治疗，会转化为精神疾病。为了让自己尽快恢复方便照顾女儿，罗琳花了约9个月的时间接受行为认识治疗。

病虽然治好了，但罗琳的生活陷入了困境，治病不仅花掉了她所有积蓄，还欠下不少外债，女儿嗷嗷待哺，自己大病初愈很难找到体面的工作。为了能生活下去，罗琳几番努力，勉强申请到了一份政府资助，每周仅能获得103.5美元。

这一年罗琳30岁了，从大学毕业到现在，她一直在走下坡路，曾经的白领沦落到领取政府救济金度日。罗琳的生活糟透了，为了养活女儿，她去找餐馆工作，赚微薄的收入养家。但就在如此艰苦的条件下，那个瘦小的小男孩的形象仍然出现在她的脑海中。罗琳下决心这一次无论如何都要把《哈利·波特》创作完。

对于几乎一无所有的人来说，想要实现理想是很困难的，因为没有条件做支撑。罗琳甚至穷到没有钱买稿纸，但创作的决心无法压制，她尝试在餐巾纸上写下脑海中的故事。除去工作，每天的剩余时间已经很少了，可在餐巾纸上写字偏偏又快不了，只能一笔一画，进度之慢可想而知。

就在罗琳艰辛度日、坚持写作之时，她和乔治的离婚申请终于获得了批准，她得到了女儿的永久看护权。

经过一年的创作，《哈利·波特与魔法石》终于创作完毕。她买来稿纸，认真抄写一遍，将故事的大纲和故事的前三章寄给了出版商克里斯托弗·里特尔。

1997年2月，因为罗琳之前的申请，苏格兰艺术协会给了罗琳一笔13000美元的费用，以资助她进行创作。

显然，罗琳的小说是有吸引力的，1997年6月，《哈利·波特与魔法石》出版，受到广大读者欢迎，获得英国国家图书奖儿童小说奖，以及斯马蒂图书金奖章奖。

罗琳成功了，《哈利·波特与魔法石》给她带来了大笔稿费，笔名J.K.罗琳开始声名鹊起。随后，罗琳又分别于1998年和1999年创作了《哈利·波特与密室》和《哈利·波特与阿兹卡班的囚徒》。

2001年，美国华纳兄弟电影公司将哈利·波特系列小说的第一部《哈利·波特与魔法石》搬上银幕。2007年7月，哈利·波特系列小说终结篇《哈利·波特与死亡圣器》推出。

哈利·波特系列小说为J.K.罗琳带来了数十亿美元的财富，也让她的名字享誉全球，成为有史以来最成功的作家之一。但在我们仰望J.K.罗琳的光环时，不要忘了她曾经用餐巾纸写作的艰辛。一位单身母亲，穷困潦倒，年已三十，所有这些不利因素都没能阻止她成功。在我们感叹哈利·波特的奇迹时，我们也不要忘记，J.K.罗琳本身就是一个奇迹。

最老模特变身浴火凤凰

她是史上最年长的T台超模；

她是《穿普拉达的女王》中"时尚女魔头"的造型来源；

她怀揣老年证驰骋T台；

她将模特的退休年龄从24岁延长到80岁。

2013年巴黎时装周，她压轴出场，一袭白衣，及地的斗篷，冷峻的面容，优雅的身姿，岁月赋予她的从容，让她的气场盖过了其他年轻的名模。

她是谁，她有何法宝战胜岁月，闪耀T台？

她就是卡门·戴尔·奥利菲斯。奥利菲斯生于1931年，14岁投身模特界，一走就是70载……她178cm的身高和修长的双腿，可以尽情展现高级时装的魅力；她那雕塑般的面部轮廓和深邃的蓝眼珠，可以为摄影师创作出任何想要的效果；她在T台上绝无仅有的银发，被时尚人士解读为"凌厉的优雅"。

几十年来，奥利菲斯一直是时尚大师和各大服装品牌的宠儿。她用自己时尚界常青树的形象，证明着自己恒久可靠的品质。那么，这位八十多岁的超模到底有多传奇？

不经历风雨，怎会有传奇

1931年，奥利菲斯出生于纽约一个贫寒的艺术家庭中，父亲是不入流的小提琴演奏者，母亲是不为人所知的舞蹈演员。看似般配的两人，感情却并不合拍，最终为了所谓的艺术理想，奥利菲斯的父亲抛妻弃女，远走他乡。奥利菲斯与母亲的生活更加困窘，母女俩常常穷得连房租都交不起。

作为一个并不成功的舞蹈演员，奥利菲斯的母亲把自己的所有希望都寄托在女儿身上，送女儿去学习芭蕾，希望女儿能完成自己未完成的梦想。由于生活拮据，奥利菲斯断断续续学习芭蕾舞到13岁，母亲就没有办法继续供她了。

奥利菲斯不知道能用什么方式让母亲开心，也不知道将来自己能做些什么贴补家用，甚至沮丧地认为自己一无是处。

但是，上帝为我们关上了一扇门，就会为我们打开一扇窗。一天，奥利菲斯在公交车上被著名时尚杂志《时尚芭莎》的一位摄影师看中，邀请去拍摄了一组照片。然而奥利菲斯并未就此得到认可，原因是她不太上相。这次经历不仅没有让奥利菲斯受到打击，反而让她眼前一亮：兴许，做模特也是一条出路。

奥利菲斯找摄影师要回了照片，辗转送到了美国另一家著名时尚杂志《VOGUE》主编戴安娜·弗里兰手中。

两周后，奥利菲斯见到了弗里兰。弗里兰的手拂过奥利菲斯的头发，对她说："你的脖子再长长一英寸，我就送你去巴黎。"当然这是不可能的，奥利菲斯没有回答，弗里兰也没希望得到回答，接着问，"你认为自己漂亮吗？"一向自卑的奥利菲斯仿佛突然醒悟了，她从来没有对自己有这么大的信心，坚定地回答："我从来没有怀疑过自己的漂亮。"

不久，奥利菲斯出现在《VOGUE》的封面，有了一份工作，一天可以赚7美元。奥利菲斯替母亲交了欠下的房租，自己进入私立学校就读，并暗中资助背井离乡的父亲。

但奥利菲斯母女的生活依然过得紧紧巴巴的。家里没有电话，每次杂志社通知她上班，都是由邮差送信上门。奥利菲斯穿上轮滑鞋一路滑到公司，这样既能锻炼身体，也能省点儿钱。没有人会想到，这个素面朝天的小姑娘是要赶着去给时尚大牌拍广告。

在那个没有修图软件也没有后期特效的老时尚圈里，15岁的奥利菲斯1.78米的身高，却有着难得瘦削的"零号身材"，一双单纯的大眼睛羞涩而犹豫，整个人像一张白纸一样极易塑造。奥利菲斯得到了认可，成为各大摄影师和各类国际大牌的宠儿，薪酬从最初的一天7美元，直线飙升至当时职业模特的最高薪酬———每小时300美元。

然而，就在奥利菲斯的事业蒸蒸日上时，她被另一种境遇纠缠了。因为自幼失去父爱，这让奥利菲斯非常渴望能得到男人的关心，但谁也没想到，一个光彩夺目的超模竟然下嫁给一个游手好闲的男人。那个男人靠着满嘴的花言巧语娶到了全世界男人心中的女神。那一年，奥利菲斯21岁。

男人的恶劣很快显现，共同生活三年里，除了生育一个女儿，留给奥利菲斯的全是痛苦。24岁那年，忍无可忍的奥利菲斯选择离婚。那个男人在短短三年时间里，败光了奥利菲斯辛苦赚得的所有积蓄。奥利菲斯的青丝一夜之间变成华发。

成了单身母亲后，奥利菲斯依然走红时尚界，但她也对感情更加渴望。几年后，她又嫁给了一个小人物———一个不入流的摄影师。为了这次婚姻，不到30岁的奥利菲斯宣布隐退。但这个男人在奥利菲斯隐退后，竟然因为害怕负担养家糊口的责任，选择抛弃家庭。

几年后，奥利菲斯又结婚了。这任丈夫更糟糕，不但有家庭暴力，还是个瘾君子，还引诱奥利菲斯的女儿也一起吸毒。没有任何选择，奥利菲斯只能离婚。

三段失败的婚姻过后，奥利菲斯早已失去了往日的光彩。20年的情感错付，留给她的还剩下什么？

47岁，绽放人生第二次美丽

47岁的奥利菲斯脸上爬满了皱纹，也已步入每个女人都恐慌不已的更年期。她一面承受着婚姻失败的痛苦，一面不得不正视自己从一个无比耀眼的超级模特，一天天地变成一个孤苦的老太太的现实。难道就这样认命啦？

不！认命不是奥利菲斯的性格。为了尽快摆脱失落的情绪，奥利菲斯决定重返时尚圈。当她把这个意思传达给原来的福特模特代理公司时，得到的是一片暗笑和一个无情的回绝。

遭受回绝，奥利菲斯并不意外，但是既然选择不认命，就要义无反顾走下去。

没有代理公司，奥利菲斯开始自己承接一些拍摄的工作，最初甚至只是杂志目录扉页上的照片，她也愿意去拍。

机会永远垂青于有准备的人，在这个时候，一位老朋友出现了。

1979年，已经单独奋斗了一年的奥利菲斯在一个偶然的聚会上遇见了多年未见的老朋友——被称为"时尚摄影之父"的诺曼·帕金森。时隔20年，帕金森依然眼光犀利，他说："在我看来，你一点儿都不老，一点儿也不差，我们每个人都有入土的那一天，但关键看你想怎么样走到那一天。"

> 在我看来，你一点都不老，一点也不差，我们每个人都有入土的那一天，但关键看你想怎么样走到那一天。

这一番话对奥利菲斯触动很大。在帕金森的帮助下，奥利菲斯以一组全新造型照片重回时尚圈。

此时的奥利菲斯已不再刻意去掩饰她的头发，任由一头银色的长发高高盘起在脑后，在帕金森的镜头中，这不但没有让她显得老气横秋，反而映衬出了因岁月的洗礼而愈发高雅的气质。在奥利菲斯湛蓝的眼睛里，少了少女时期的单纯和忧郁，多了一份果敢和坚毅。在所有人眼里，尤其是在年轻模特和摄影师的眼里，满头银发、气质高贵的奥利菲斯无与伦比。

成功复出让奥利菲斯又一次站到了时尚圈的顶峰，镁光灯下的她魅力更胜从前。

但毕竟二十多年过去了，奥利菲斯曾经熟悉的时尚圈也发生了翻天覆地的变化，模特们不再只是时装和摄影师的专属，而是纷纷向全面明星发展。这对于从旧时期的画报中走出来的奥利菲斯而言，是个相当大的挑战。奥利菲斯没有受过专门的演艺训练，没有接触过除模特之外的其他周边领域，被淘汰出局可能性非常大。但是出乎所有人的意料，更年期中的奥利菲斯不但没有表现出任何消极或不好相处的状态，反而迅速适应了潮流趋势。奥利菲斯凭借着聪颖的天资和过硬的职业素养，在年轻模特当道的时尚圈中独树一帜，不仅照片出现在各大品牌的宣传册里，她还写书，接拍电影，忙得不亦乐乎。她标志性的银发成了坚强、独立和知性的代名词，就连后来的好莱坞大片《穿普拉达的女王》里由梅丽尔·斯特里普扮演的时尚界女强人的造型，也以奥利菲斯作为设计蓝本。

奥利菲斯的成功转型让很多女性看到了年龄并不是美丽的障碍，越来越多的一线大牌时尚杂志也开始放弃年轻模特，将视线重新转向奥利菲斯。事业的再次蒸蒸日上，让奥利菲斯重新找回了独立和坚强带给一个女人的魅力。

又一次回到原点

命运似乎十分愿意捉弄这个不认命的女人。奥利菲斯"新生"不久，一个晴天霹雳让她的生活又一次回到了原点。和很多名人一样，奥利菲斯也喜欢投资，希望自己的所得越多越好，以便老了能有所保障。

然而20世纪80年代，金融风暴席卷整个美国，奥利菲斯投资的股票遭受重创，复出之后辛苦赚得的所有收入几乎赔得血本无归。为了维持生计，她甚至不得不拍卖自己年轻时的照片。

一下子变得一无所有，奥利菲斯相当失落，相比婚姻失败后的成功复出，如今的她已经是年近六十的人了。而随着年龄越来越大，早年患上的风湿病也开始困扰她。女儿也因为被母亲的光芒笼罩而自卑不满，一直以来与她疏远，在她最困难的时候，女儿也拒绝与她见面。

女儿的疏远让她十分心痛，年近六十、病痛缠身、无依无靠……难道就这样孤独终老吗？

就在奥利菲斯认为自己就要老无所依时，年近八十的美国房地产大亨诺曼·列维出现在她的生活中。在列维的呵护下，奥利菲斯再次振作起来，爱情让她重新找到了生活的甜蜜。

1997年，奥利菲斯令人惊讶地再次出现在T台上，她居然依旧是那样魅力四射、性感动人。没有人能想到，这是一个已经66岁的女人。

列维很爱奥利菲斯、当得知她投资失败、血本无归时，列维便悄悄地将自己的遗嘱继承人改为了奥利菲斯，还特意把一位投资业大亨朋友介绍给她认识。提到投资，奥利菲斯有些犯怵，但列维对她说，那位投资业的大亨与其说是自己的朋友，不如说是自己的干儿子。列维不但鼓励奥利菲斯放手去做，还放心地拿出自己的钱让她去投资。

投资起初看起来很成功，奥利菲斯也从痛失财产的阴影中走了出来。她还经常和列维、干儿子、干儿媳聚会，出游玩耍。

仿佛一切都在向好的方面发展，奥利菲斯眼看就要过上安逸而平静的生活了，然而现实是这样吗？

77岁，绽放人生第三次美丽

其实，这一切根本就是幻象，始作俑者就是那个干儿子。2008年，席卷全美的次贷危机爆发，牵扯出了美国历史上最大的一起诈骗案：时任纳斯达克股票市场公司董事会主席的伯纳德·麦道夫，利用其"投资专家"的名号，在长达20年的时间里，以高额资金回报做诱饵，制造了一起涉骗金额高达500亿美元的超级金融诈骗案。而这个骗局的制造者麦道夫正是此前被列维和奥利菲斯视作"干儿子"的好伙伴。

在麦道夫诈骗案中，首当其冲受害的就是他的那些亲朋好友。诈骗案被揭发之时，列维已经去世，但他根本不会想到，作为他遗嘱的执行者，麦道夫根本没有将他的遗产交给他心爱的妻子奥利菲斯，而是直接划归自己名下。

痛失爱侣的奥利菲斯再一次变得一无所有。而这一年，她已经77岁了。

得知消息的一刹那间，奥利菲斯真的很想去见上帝，可是见到上帝说些什么呢？是去抱怨上帝的不公，还是去历数她这一生的艰辛？

奥利菲斯没有选择低头，反倒在经历一次次风风雨雨后，显得更加淡定从容，同时也继续怀揣着梦想。2009年，当奥利菲斯的身影重新出现在时尚圈时，整个世界都为之一振。她那种散发着因岁月积淀而高贵的美，让身边那些花朵一样的面孔黯然失色。在她的身上，人们第一次发现，岁月的痕迹竟然可以如此美丽，而那一向被视作象征着老态的白发和皱纹，也可以如此动人。

对于奥利菲斯来说，她美丽的人生可以从15岁开始，可以从47岁开始，当然也可以在77岁从头再来。从头再来，谈何容易，但这一切在奥利菲斯看来早已淡若浮云，或许打击袭来的一刻会痛苦会彷徨，但是一路上追梦的感觉却格外美妙，而且梦想从来也没有"为时已晚"。

摩西奶奶——始于80岁的灵感

我年老时能做什么？没有了往日的雄心壮志，不再有来自别人的鼓励，垂垂老矣，还能做什么呢？

想了好久好久，我的答案是：做不了什么，只能安心活着，等待上帝的召唤。

直到一个人的出现，将我的想法推翻了。这是一个80岁还不放弃兴趣，并在不经意间让兴趣飞出小屋，飞向全世界的老人。

平凡农妇，多才多艺

这个让兴趣飞翔的老人就是摩西奶奶。这位慈祥的老人如同一位邻家奶奶，平凡而令人亲近，可她却用自己的平凡时间创造出了最不平凡的神话。

　　摩西奶奶，本名安娜·玛丽·罗伯逊，1860年9月6日生于纽约州格林尼治村的一个农场。父亲是一个贫穷的农夫。安娜在10个兄弟姐妹中排行第三，为了缓解家庭生活困境，她12岁就到附近农场的一个富裕家庭做女佣。接下来的15年里，安娜基本是这样度过的：缝纫、煮饭、管理家务，其间也和雇主家的孩子们一起读了几年书。

　　1887年，安娜27岁，嫁给了农场工人托马斯·萨蒙·摩西，她的名字也变成了安娜·玛丽·罗伯逊·摩西。

　　安娜和所有农妇一样，每天不停地忙碌着：擦地板、挤牛奶、装蔬菜罐头……根本没有时间接触绘画，也从没想过要画画。

　　直到58岁时，已经成为祖母的安娜无意间在家里客厅的壁炉遮板上留下了自己第一幅图画作品，受到家人和朋友称赞，这让她兴趣大增，随后她会偶尔拿起画笔在折叠桌的板子上作一些风景画。

　　渐渐地，安娜老了，附近的孩子们都亲切地称呼她摩西奶奶。1932年，摩西奶奶72岁了，接到女儿被诊断患有结核病的通知，就前往本宁顿去照料女儿。

　　病中的女儿为了给母亲找些乐趣，拿了一幅刺绣画给母亲，并希望母亲能制作一幅相同的。制作的过程让摩西奶奶爱上了刺绣画。不久，女儿去世，摩西开始独自照料两个外孙。

　　当她76岁时，因为有严重的关节炎，摩西奶奶再难拿稳针线，妹妹建议她将针线换成画笔。从此，摩西奶奶重拾绘画兴趣，正式开始绘画生涯。

摩西奶奶将第一幅绘画作品送给了邮差作为圣诞礼物。每个星期，摩西奶奶都站在几个画架前同时完成三到五幅作品，早期多是一些临摹画，不久后便直接创作，题材主要来自童年时的记忆，以全景风景和风俗画为主。

这些画作，让人们仿佛亲身体验了摩西奶奶生活过的那段温馨的旧时光——平淡、惬意、幸福、从容。更重要的是，摩西奶奶在58岁才有机会拿起画笔，在76岁高龄正式绘画，并从此痴迷的经历让人们意识到：梦想永远在心头发亮，只要敢于正视、追寻它，那么，一切都不会太晚。

80岁始办画展，93岁首登封面

摩西奶奶将作品送到当地的杂货铺展览销售，标价3～5美元。1938年的一天，陈列在杂货店橱窗中的作品引起了艺术收藏家汤姆斯·科尔的兴趣，他买下了所有陈列画，还到摩西奶奶家买下了仅剩的10幅画作。科尔想帮助这位老婆婆，将其作品带到纽约的画廊。摩西奶奶的画引起了画商奥托·凯利的注意，他在画作中感受到难得的清静平和，仿佛回到了少年无忧无虑的日子。凯利将摩西奶奶的画挂到他画廊里最显著的位置，摩西奶奶渐渐为艺术界所知。

1940年，凯利为摩西奶奶举办了个人画展——"一个乡村农妇的画"，引起了轰动。这一年，摩西奶奶已经80岁了。

此后，摩西奶奶的作品成为艺术市场中的热卖点，赢得了很多奖项。上百万张的问候卡纷至沓来。最热门的畅销书、电台与电视台的采访使她的声名比任何艺术家都更深入美国家庭。摩西奶奶的质朴、诚实，丰富多彩的晚年生活，成为最受人欢迎的清新剂，荡涤着人们的心灵。

1953年，93岁高龄的摩西奶奶登上美国《时代》周刊封面。她满头银发、笑容和蔼，用画笔描绘的静谧山谷、田园风光感染了整个美国，而农妇身份与惊世画作之间的巨大反差让她成为一个传奇。

摩西奶奶从未接受过正规的艺术训练，但对美的热爱使她爆发了惊人的创作力，在二十多年的绘画生涯中，她共创作了1600幅作品，其中二十多幅是她在100岁生日之后所画。

她用一生证明"人生随时可以重来"

摩西奶奶的画抚慰人心，摩西奶奶的故事更是激励了无数人。摩西奶奶画画全是出于本能和直觉，画作的稚拙和纯朴感人至深，而色彩的和谐、明快、清亮也让人双目一新。摩西奶奶说："每一个人都可以作画，每一个年龄段的人都可以作画，关键在于你是否真正地喜欢……我很快乐，也很满足，即便失去了丈夫，我还是必须找到新的依托，幸运的是我发现了绘画，我记起了这样一个梦想。生命中不确定的因素太多，可只有作画能够让我感到快乐。作画的过程美妙极了，就好像整个生命在不停地运转一样，让我充满活力。作画能够让人沉醉、兴奋，这是我的乐趣所在，这本身就是一种收获了。"

摩西奶奶也由此奉劝那些以为自己无力追逐梦想的人不要灰心："有些人总是说晚了，晚了，其实现在就是最好的时光，哪怕你已经100岁。"

第
四
章

知道晚了，
那就拼吧

事情开始做，不分早晚，因为总要有
一个开始。但现实还是会提醒我们有
早与晚之分，50岁开始就是比30岁开始
晚。那么，最好的方式是不要追究为什
么我们比别人"少"了20年，而是想一
想如何将这20年的差距填补回来。其实
很简单，就一个词——"拼吧"。

年龄不是负担，只是警钟

　　树有年轮，人有年龄，记录着我们来到这个世界上的日子，随着年龄一年年增大，我们潜意识里就会形成自己越来越老的概念，"我老了"成为生命越来越少的符号性语言，让我们对生命更加珍惜。

　　当我们低头想到自己的年龄时，"自己年纪大了，还一事无成，未来怎么办""看别人创业多年轻，我却年纪这么大，哪有精力和他们拼呢"，产生类似想法是可以理解的，但却不是绝对正确的。

　　正视时间的流逝，从而珍惜时间是正确的，但是一味担心年龄增加，感叹时间越来越少又是多余的。人从出生的一刻开始，时间就一天比一天少，这没什么好担心的。我们所要做的不是把年龄当成负担，而是当成生命里的一个警钟，警告自己不能再随波逐流，要努力精进，抓住机

TIPS
年龄增加一岁，只是警告我们距离成功应该更进一步，而不是让我们背负走向衰老的压力。

116

会，为自己的未来奋斗。

80岁的传说

《封神榜》在中国家喻户晓，其中姜子牙的名字更是妇孺皆知，他的故事大家也基本知道，最为人津津乐道的就是其80岁拜相，辅助周武王建功立业。

姜子牙的生卒年月已不可考，据说他活了100岁，但也没有确实证据，唯一可以肯定的是他大器晚成。姜太公的晚成按照现在的理解，真的太晚了，但正因为超级晚，才更有代表性和传奇性。

姜子牙年轻时在商朝都城朝歌宰牛卖肉，又到孟津做过卖酒生意。他一直过着贫寒的生活，但胸怀大志，勤奋学习，始终不倦地研究、探讨治国兴邦之道，期望有朝一日能大展抱负，为国效力。然而一直等到暮年也没有得到机会。眼见自己垂垂老矣，年近八旬，姜子牙对自己说："你已快80岁了，时间不多了，若能遇到明主，要倾尽所能帮助其快些平定天下。"

终于，姜太公八十遇文王，有了施展才华之机。姜子牙辅佐文王和武王两朝，最终灭商建周。因其功劳太大，被封于齐，永镇诸侯。

70岁的传奇

"羊皮换相"的典故在中国流传很广，五张羊皮，换回了一位治国良相，得到羊皮的国家真是赔大了。

"舜发于畎亩之中，傅说举于版筑之间，胶鬲举于鱼盐之中，管夷吾举于士，孙叔敖举于海，百里奚举于市。"这句话我们也不陌生，舜、傅说、胶鬲、管夷吾、孙叔敖、百里奚都具备治国安邦的才能。他们的共性是出身都很低微，被重用时年纪都不小了，其中百里奚的"发迹"年龄最大——70岁。那五张羊皮换回来的，就是这个70岁的落魄老人。

百里奚，春秋时期楚国宛邑人，后到虞国做官。虞国地狭民少，国君昏庸，百里奚的才能始终没能展露。后来虞国被灭，百里奚沦为晋国俘虏，后又被献往楚国做奴隶。

秦穆公听说百里奚有才能，想用重金赎买他，但又担心楚国不给，就派人对楚成王说："我家的陪嫁奴隶百里奚逃到你这里，请允许我用五张黑色公羊皮赎回他。"楚成王没多想就答应了，交出百里奚。此时，百里奚已经70岁。

秦穆公解除了对他的禁锢，跟他谈论国家大事，百里奚滔滔经纶让秦穆公折服，拜其为相。百里奚主持秦国国政期间，"谋无不当，举必有功"，内修国政，外图霸业，开地千里，称霸西戎，促成了秦国的崛起。

60岁的传承

公元前656年，晋国公子重耳遭到骊姬的迫害，逃离晋国都城，其父晋献公派将军勃鞮追杀。勃鞮割断了重耳的袖子，重耳爬墙侥幸逃走，开始了流亡生涯。这一年重耳43岁了，不知道有生之年自己还能不能回到晋国。

从43岁开始，重耳在外流亡19年。这些年可以说九死一生，尝尽了人间的苦难和屈辱。他先后投奔了齐、曹、楚、秦等国，有的国君对他礼遇有加，有的却冷言冷语。

重耳意志坚定，熬过了艰辛的岁月。公元前636年，秦穆公护送62岁的重耳回到晋国，即位为晋文公。后在城濮之战中，运用"退避三舍"的计谋击败楚军，成为霸主。

60岁、70岁、80岁时能做什么？看看晋文公、百里奚、姜子牙。不是说我们每个人都可以在须发皆白之时建功立业，但是我们不应该放弃奋斗和拼搏，只有不放弃才有开启更好未来的可能。

年老都有很多机会，那么尚未年老的我们，是不是更应该反思自己的生活，究竟有什么困难阻碍了我们前进的脚步？有什么阻力让我们不敢追寻本心的意愿？其实，没有太多的困难和阻力，一切都来自我们内心，是我们轻易地将自己定义为年纪大了，不应该再有不切实际的想法。然而，没有试过怎知不切实际？稳打稳扎、敢试敢闯，就有机会把所谓的不切实际变成最耀眼的成绩。

我们来到这个世界就没打算活着回去

　　从出生的一刻开始，我们无论走哪条路，走得怎么样，走到了哪里，结果只有一个，就是走到终点——死亡。

　　既然我们每个人都逃脱不掉死亡的命运，那就应该坦然接受这一事实。如果我们连死都能坦然面对，还会担心别的事情发生吗？

　　我们来到这个世界上，来的时候什么也没带来，走的时候什么也带不走。毫不夸张地说，我们来到这个世界没有谁打算活着回去。

　　人生几十年，如果不去努力，不去拼搏，匆匆一生什么都没留下，就跟没来过这世界一样，生命自然毫无意义。人活着要创造价值，说小了是为自己和后代，说大了是为整个社会和时代的进步。

激情是财富的引路石

当我们已经很清楚地知道，来到这个世界就没有打算活着回去时，我们就应该毅然奋起，把激情灌注进自己的灵魂，开辟通往远方的阳光大道。

有一幅画，画中一位跋涉在群山间的旅人正在倒出他鞋子里的砂石，旁白是："使你疲倦的往往并不是远方的高山，而是鞋子里的一粒砂石。"这是一种非常有趣的逻辑，它揭示了一种真实：将人击垮的，并非巨大的挑战，而是琐碎事件构成的倦怠。

人在面对巨大灾难挑战时，会恐惧，会紧张，会涌起抗争的冲动或挣脱的力量，这是一种生的激情。但在遭受细碎的不顺利的折磨时，人就失去了挣脱的勇气，这是"温水煮青蛙"的道理。

经过研究发现，导致人处于最糟糕的境遇的，不是贫困，不是厄运，而是精神心境处于无知无觉的疲惫状态。这是最可怕的，而只有在日常生活中寻找激情，才是唯一可行的自救方式。

被称为工作狂的日本人，在寻找激情上有一种相当不错的手段：每天上班前，对着镜子很自信地挺胸微笑，然后大喊五声"我是最好的"，于是全身为之一振。

总之，无论投身事业，还是专注生活，都需要激情。激情就像一阵风，吹落我们身上的尘，促成我们轻装奋进。

每个人都有自己的遗愿清单

电影《遗愿清单》也可以说成是两个老头儿的故事。

一个老头叫爱德华·科尔，一家健康医疗机构的CEO，亿万富翁，为人玩世不恭，脾气暴躁，又有些刻薄，结过三次婚，有一个不来往的女儿。

另一个老头叫卡特·钱伯斯，一名普通的机修工人，话不多，有一个没什么共同语言的妻子和三个成年子女，他一直梦想着有朝一日能够成为一名历史老师。

这本是两个永远也不可能有交集的人，但却彼此结识了。爱德华得了重病，住进了自己的医院，因为他毕生都推行"一个房间两张病床，谁也不能搞特殊"的经营理念，只能和别人共用一间病房，他的室友就是卡特。两个人社会地位差距很大，见识、阅历和思考方式也完全不同，因此见面初期不是很愉快。爱德华总讽刺卡特是穷人，卡特也没好气地挑剔爱德华的不足。

慢慢地，两人都习惯了躺在旁边的那个老家伙。目睹了彼此病痛难挨的时刻——半夜吗啡药效消退后被痛苦折磨得发抖的时刻，化疗后一次又一次呕吐的时刻。

　　每天，他们有一搭无一搭地聊天，聊聊彼此的家庭、心事、对治疗的看法，甚至对自杀的看法。

　　卡特总有亲人探望，妻子、儿女每天必到，爱德华却孤零零的，只有助手汤姆看望他。

　　因为同病相怜，因为彼此了解，他们从开始相互排斥，到后来惺惺相惜，建立起了友谊。他们的友谊很特殊，是要一起面对未知的死亡。这个残酷的过程，让他们的心靠得很近。

　　一天，医生过来对爱德华"宣判"，结果出来了：还有六个月，幸运的话，最多一年。随即，卡特的"宣判书"也出来了：和爱德华差不多，最多还有一年。

　　两个人都面无表情，沉默地看着对方。那一刻，他们的内心必定经历了很多。

　　最后，卡特打破沉默："想玩牌吗？"

　　爱德华微微一笑："就怕你不问。"

　　卡特想起了他大学的哲学老师布置的作业：在死去之前，将这一生尚未完成的愿望列成清单。卡特给自己列出的愿望清单是：出于善意帮助陌生人；亲眼看见奇迹；开一次野马跑车；大笑到流出眼泪……

爱德华看到这份遗愿清单后，坚决拥护立即实施，他一向雷厉风行，说服了犹豫又有些怯懦的卡特："等死是多么悲惨，钱不是问题，我现在唯一有的东西就是钱。"爱德华加进了自己的愿望：跳伞；刺一个文身；亲吻世界上最美丽的女孩……

于是，一场隆重的旅行开始了。跳伞，开跑车，文身，看金字塔、泰姬陵，去中国，艳遇……

在金字塔面前，卡特问爱德华两个问题："在你的生命中有没有快乐？""你这一生，有没有给他人带去快乐？"

爱德华讲了他跟女儿的故事，他霸道的所作所为，让女儿至今都无法谅解他。他说："我做过的事，并不是每一件都让我问心无愧，但要是再来一次，我肯定还会那么做的。所以，如果因为女儿的恨，让我没办法进天堂，那好吧，事情都这样了，我认了。"

旅途中有苦有乐，但他们清单里的愿望还是一件一件地完成了，完成一项，就划去一项。

卡特病情恶化，卧床不起，他终于说服爱德华去跟自己的女儿和解。爱德华见到了女儿和外孙女，亲吻了外孙女——世界上最美丽的女孩。

爱德华主持卡特的葬礼，他哽咽着说："人生真的很奇妙，三个月前我们是陌生人，我陪卡特度过了人生最后的时光，那也是我生命中最好的时光。"说着，划去了"出于善意帮助陌生人"的选项，眼中带着泪光。

不久，爱德华去世。他的助手汤姆把他们的骨灰埋在喜马拉雅山，并且划去了清单最后一项——"亲眼看见奇迹"。

影片的画外音说：人生的意义是什么？我到现在都无法下结论。但我至少能这么说：我知道，爱德华在离世时闭上了双眼，却敞开了心灵。

人生的意义是什么？谁都无法下结论，所以人生才丰富有趣而值得度过。

死亡是什么？我们更无从知道。

那么，不要拖到最后，就在生和死的这段路途上，尽早敞开心灵。或许，这也是我们唯一能做的。

把每个今天当作生命的最后一天

每个人的人生都会有最后一天，只不过我们都不知道那一天在什么时候到来。

所以，我们必须珍惜每个今天，因为今天过去，永不再来。

不妨把每个今天当作生命的最后一天，这一天有多少事情要做，立即忙碌起来。

年长受命，自知难负

《史记》是一部伟大的作品，有人被其内容震撼，但我却被作者震撼。司马迁，一个尝尽人生悲怆的人，写出了千古传承的巨著。

司马迁，公元前145年出生于龙门山下的一个小康之家。年幼时，司马迁在父亲司马谈的指导下习字读书。后司马谈到京城长安赴任太史令，司马迁留在老家，持续耕读放牧的生活。成年后，司马迁来到京城父亲的身边。司马谈要求司马迁遍访河山，搜集遗闻古事，网罗轶事旧闻。司马迁遵父命，在20岁时开始游历天下。

公元前110年，35岁的司马迁承袭父亲官职，当上太史令。不久司马谈病逝，临终时流泪对儿子说："我死了以后，你一定要接着做太史，完成我希望写出一部通史的愿望。"

父亲的谆谆嘱托震动了司马迁，他看到了父亲作为一名史学家难得的使命感和责任感，然而自己已经35岁了，要想编写一部贯通古今的史书，余下的几十年时间能否完成尚未可知。

料理完后事不久，司马迁就开始从皇家藏书馆中整理选录历史典籍。然而资料整理工作非常繁复，由于当时的馆藏图书和国家档案都杂乱无序，连一个可以查考的目录也没有，司马迁必须从一大堆的木简和绢书中找线索，整理和考证史料。司马迁几年如一日，绞尽脑汁，费尽心血，几乎天天都埋着头整理和考证史料。经过6年废寝忘食的工作，他终于在41岁那年开始正式编撰《史记》了。

磨难来临，忍辱著书

《史记》编撰的第五年，朝堂出了一件大事，司马迁因为不识时务而受到牵连，性命险些不保，最终虽然活了下来，但身体却付出了惨重的代价。

公元前99年夏天，汉武帝派宠妃李夫人的哥哥李广利领兵讨伐匈奴，另派飞将军李广的孙子李陵随从押运辎重。李陵率步卒五千人孤军深入浚稽山，与单于率领的八万匈奴骑兵遭遇。李陵被围，激战八昼夜，斩杀一万多匈奴兵，但因得不到主力部队增援而全军覆灭，自己被俘。

李陵兵败被俘的消息传到长安，汉武帝大怒，文武官员察言观色、趋炎附势，几天前还纷纷称赞李陵英勇，现在却附和汉武帝，落井下石指责李陵背主叛国。

司马迁官微言轻，本没有进言的资格，但他痛恨这些只求自保的大臣，他也不相信李陵会投降，就越级为李陵辩护。他认为李陵平素孝顺、重信重义、谦虚礼让、恩待下属、作战勇敢，有国士的风范，怎能投降？！他对汉武帝说："李陵被俘是因为救兵不至、走投无路。他之所以投降而不战死，一定是想寻找适当的机会再报答汉室。"

司马迁的直言更加触怒汉武帝，当即将司马迁打入大牢。在狱中，酷吏杜周严刑审讯，司马迁忍受了各种肉体和精神上的残酷折磨，但始终不屈服、不认罪。不久，传闻李陵带领匈奴兵攻打汉朝边境，汉武帝信以为真，下旨处死了李陵全家，司马迁也因此事被判了死刑。

汉朝刑律规定，死刑可以通过缴纳50万钱赎买，也可以选腐刑替代。司马迁仅是史官，官小家贫，拿不出这么多钱。腐刑也叫宫刑，非常残酷地摧残人的身体和精神，也极大地侮辱人格。司马迁当然不愿意忍受这样的刑罚，悲痛欲绝的他甚至想到了自杀。

但是，他还有使命没有完成，而且死有"重于泰山，轻于鸿毛"之分，他觉得自己就这样"伏法而死"，就像牛身上少了一根毛，是毫无价值的。所以他决不能这样死掉，忍辱负重选择接受腐刑。他只有一个信念，活下去把《史记》写完。

再次提笔，司马迁已经成了一个被人唾弃的"废人"，每天承受着身体的痛苦和心灵的煎熬。但他顾不上这么多了，一年的牢狱生活，无数次的酷刑逼供，加上腐刑的摧残，他苍老了很多，白发苍苍，身体颤抖，没人会相信，这是一个47岁人的身体。司马迁知道，留给自己的时间不多了，必须加倍努力，一天当作两天用，每一天都要当作生命的最后一天。就这样又过了五年多，52岁那年，犹如垂垂老者般的司马迁终于将《史记》编撰完成。为了完成这部伟大的巨著，前后耗费16年时间，这可以说是他穷尽一生的精力和心血，是他忍受了肉体和精神的双重折磨，用生命写成的一部永远闪耀光辉的伟大著作。

　　今天在我们的手中，明天我们不可预知。我们最正确的选择就是过好今天，就当明天不会到来。在这一天，我们只选择做最有意义的事情，不再畏缩，不再逃避，不再抱怨。在这一天，我们不计较是否成功，只追求倾尽全力。

35岁时，最伟大的推销员破产了

人们常常容易将破产和失败画等号，破产者失去了几乎全部的财富，这的确是一种很大的失败。从某种意义上来说，失败就是一个清零的过程，仿佛曾经的奋斗都是白费劲。

然而，有的人却并不这么想，破产不仅不是他们人生的终场，反倒是通往成功的起跑线。破产只代表过去的挫折，就算曾经的奋斗换来的是一无所有，然而未来的日子却与破产无关，只要重新振作、再次奋斗，依旧可以拥抱成功。

其实，破产分两种，一种是物质破产，一种是精神破产。物质破产不可怕，只要坚忍不拔，失去的可以重新挣回来。一个人物质破产不可怕，那只是人生的小挫折，但是精神切切不可破产，否则在精神的泥潭里很难再次追逐成功。

乔·吉拉德被誉为最伟大的推销员，但他的人生却不总是一直成功。在最好的年纪，他一直与失败相伴，还遭遇过一次破产的厄运，但他只允许自己物质破产，精神却一直坚挺，直到最后获得成功。

TIPS

物质破产：（失去）金钱、声望、工作、事业
精神破产：（失去）斗志、勇气、希望、未来

最伟大的前夕竟身陷破产

乔·吉拉德，原名约瑟夫·萨缪尔·吉拉德，1928年出生于美国底特律市的一个贫困家庭。9岁时，吉拉德开始给人擦鞋兼送报纸，以此赚钱补贴家用。渴望读书的吉拉德只读到16岁就辍学了，做了一名锅炉工，并在那里染上了严重的气喘病。

为了改善生活状态，吉拉德努力成为一名建筑师，这本是一个前途无量的行业，但吉拉德并不走运，最终的结局竟然是破产。那时的吉拉德已经35岁了。13年间，除了给人盖房子外，他还换过四十多个工作，但都因为严重的口吃而一事无成，直至负债6万美元。

35岁，本是准备进攻人生巅峰的年纪，吉拉德却跌落到最幽暗的人生谷底——"在我人生的前35个年头，我自认是全世界最糟糕的失败者"！

一无所有、走投无路的吉拉德不知道明天会怎样，他连给女儿买零食的钱都没有，连供妻子买衣服的钱也拿不出来，面对妻儿他第一次感觉人生渺茫。要放弃努力吗？他思考着。放弃努力意味着未来再无出头之日，浑浑噩噩的日子不知道要到哪一天。不行！不能放弃努力，再艰难也要继续下去，为妻儿，也为自己。

在一个曙光乍现的清晨，吉拉德茅塞顿开：破产就像黎明前的黑暗，只要挺过去，必将迎来灿烂的朝霞。

再次开始，才能触底反弹

为了养家糊口，吉拉德走进了一家汽车经销店，虽然口吃，却努力推荐自己。他的诚心感动了负责人，同意让他留下来试用一周。

20世纪60年代的底特律有39家大型汽车经销店，每家各有20人到40人不等的销售员阵容，可以说是当时全世界竞争最激烈的汽车市场。在竞争如此激烈的环境下工作，新人一周不出单就会被淘汰，所以每个新加入的人都会拼命努力。然而吉拉德有个最大的劣势——口吃，这是靠嘴吃饭的营销工作最大的障碍，他要如何克服？

吉拉德的方法很直接，就是放慢说话速度，比其他销售员更注意聆听客户的需求与问题。这样做的目的是为了减轻口吃影响，却无意间契合了销售的最重要条件——聆听和真诚。正因如此，在上班第一天，吉拉德就奇迹般地卖出了第一辆车，顾客是一位可口可乐销售员。

没人会想到这第一次成功意味着什么。对别人来说，或许就是一项工作的开始，但对吉拉德来说，却是一个奇迹的开始。

随后，吉拉德每时每刻想的都是如何将汽车卖出去。他不停地想办法，连梦话都是与客户交谈。他知道，自己35岁了，已没有时间可供耽误了，唯一能做的就是拼。

耕耘之后必有收获，吉拉德渐渐成为店里业绩最好的销售员，后来又成为美国通用汽车零售销售员第一名。入行3年后，吉拉德以一年销售1425辆汽车的成绩，打破了汽车销售的吉尼斯世界纪录，并在此后连续12年占据吉尼斯汽车销售纪录。

1978年1月1日，50岁的吉拉德急流勇退，转而从事教育培训工作。吉拉德在15年的汽车推销生涯中，总共卖出了13001辆雪弗兰汽车，平均每天销售6辆，而且全部是一对一销售给个人。他因此被誉为"世界上最伟大推销员"。

2001年，乔·吉拉德跻身"汽车名人堂"，这是汽车界的最高荣誉。名列其中

通往成功的电梯总是不管用的，想要成功，就只能一步一步地往上爬。

的其他人都是汽车业界的先驱与灵魂人物，包括"现代汽车之父"卡尔·本茨、福特汽车创办人亨利·福特、法拉利创办人恩佐·法拉利、保时捷汽车创办人费迪南德·保时捷、本田汽车创办人本田宗一郎等。乔·吉拉德是唯一以汽车销售员身份位列名人堂的人。

"通往成功的电梯总是不管用的，想要成功，就只能一步一步地往上爬。"这是乔·吉拉德勉励自己的座右铭。

"连死神都不要你，你又有什么可怕的？"

幼年时一场大病，险些要了我的命。当时并不觉得什么，但后来每每回想，越发心悸。

后来和母亲聊起，母亲却说："连死神都不要你，你又有什么可怕的？"是呀，只要我们不畏死亡，便会产生莫大的勇气和力量。

当梦想囚禁于牢中

古往今来，真的有不畏死亡的人，有"笑脸暴君"和"重建大王"之称的日本企业家坪内寿夫就是其一。

坪内寿夫，1914年出生于日本四国岛西北部的爱媛县，父亲经营着两所剧院，家庭收入不错。在相对优越的家境下，坪内寿夫从小就有乘船远航的愿望，因此对船特别感兴趣。17岁时，坪内寿夫进入商船学校学习，1936年毕业。随后，坪内寿夫进入日军在中国东北的"南满洲铁道公司"工作。这个工作与航海梦想相去甚远，但他没有别的选择。

1945年8月，日本投降，日军溃败。坪内寿夫随着战败军队逃入大兴安岭，后被苏军俘虏，押送到了西伯利亚。

坪内寿夫做梦都没想到，自己竟然成了战俘。他感觉人生仿佛到了尽头，还能活下来吗？还有重见天日的一天吗？在惶恐的猜测中，日子一天天过去。相比较日本和中国东北，西伯利亚冬季的寒冷叫人难以忍受，每天都在哆哆嗦嗦中度过。过了冬天，境遇也不见好转。坪内寿夫觉得快熬不下去了。为了给自己希望，他便每天幻想如果将来有出头之日，赚到大钱该怎么花。

从战俘到富翁

1948年10月，坪内寿夫获释，回到故乡爱媛县。

父母为了鼓励儿子，将全部财产340万日元都交给坪内寿夫。

当时坪内寿夫已经34岁了，背井离乡十几年让他对日本的状况了解甚少，也没有什么朋友，要从哪里开始，必须要想好。他将眼光落在电影剧场行业——在日本这还算是新兴行业，开剧场的几乎都赚到了钱。

1949年初，坪内寿夫离开家乡来到松山市，准备兴建剧场。当时建剧场必须要得到政府建设局批准。他去见负责的课长，但课长认为松山已经有一个电影剧场，不再需要第二个，就迟迟不批准。坪内寿夫连续去见课长多次，都没得到批准。这时，他心中的那份顽强体现出来，每天在建设局的走廊里等待这位课长，渐渐成了建设局的"名人"，但那位课长好像铁了心，就是不批准。

后来，课长的儿子出车祸死亡，人们都怀疑是坪内寿夫因为得不到课长批准而怀恨在心，撞死了课长儿子。坪内寿夫因此被抓，再一次入狱。坪内寿夫一边为自己申冤，一边继续要求建设局批准自己建剧场。在被无端关押一个月后肇事者被抓，坪内寿夫洗清冤屈。他申请建剧场这件事也惊动了建设部大臣，大臣不仅批准他建剧场，还亲自向他道歉。

1950年，几经磨难的松山大剧场正式开业，生意很不错，但坪内寿夫想要赚更多的钱，他开始动脑筋。他观察出，放映爱情片时，中青年观众最多，少年儿童极少；放映武打片时，青少年很多，老年人极少；放映喜剧片时，青年、老年观众都较多。不管放映哪类片子，观众都不能满座，他想了个办法，

TIPS

坚韧是对抗挫折的最佳方式！

139

把两种类型的片子同一场放映，结果观众成倍数增加。剧场的收入增加，费用支出相对减少，利润显著增多。几年后，坪内寿夫的电影剧场发展到了三十多家。

经过牢狱折磨的坪内寿夫，内心的坚韧远超我们想象。其实，我们每个人都应该具备这种坚韧，生活中总有这样那样的不顺利，当不顺利来袭时，逃避是最愚蠢的方式，硬干也绝非明智。最好的方式就是坚持不懈地磨，凡事都怕磨，做一个"磨功"出色的"磨王"，任何事都将无往不利。

没什么可怕的，大不了当乞丐

事业有所成后，按照一般人的想法会安心经营这份事业，好好过这来之不易的生活。特别是对于经历过巨大磨难的人来说，好生活更是显得格外宝贵。虽然坪内寿夫也想过要安心度日，但他还有梦想没有完成，就是儿时一直渴望的航海梦。

1952年，坪内寿夫等到了一个机会——有人建议他接手家乡的来岛造船厂。虽然这是坪内寿夫的梦想，然而他只懂得经营电影剧场，对造船完全外行。究竟该怎么做？他去询问两个朋友，电影业大老板小林三一的建议是："如果你能使一个濒临倒闭的大造船厂起死回生，你的大企业家的身份必将得到认可。这是一个机会，我赞成你去干。"日事银行松山分行行长浜口喜太郎的忠告是："你若真想做，得有一套策略。否则，你可能会沦为乞丐，说不定赔掉你全部财产都不够。这和搞电影院不同，风险太大，还是慎重为好！"

小林三一的话给了他很大的鼓励，但浜口喜太郎的话让他足足考虑了5个月。最终，坪内寿夫下定决心，不成"王子"就成"乞丐"，曾经死神都不要自己，为了梦想就算做乞丐又有什么可怕的？！坪内寿夫要接管这家造船厂的消息传开，人们都说他没事找事要出昏招，捧了个没人敢要的烫手山芋。

决心下了，资金却不够，坪内寿夫卖掉了十几家剧场，作为振兴来岛造船厂的首批资金，又向银行借贷了一些钱更新设备。坪内寿夫率领二十多人来到设备生锈、满院杂草的船厂，每天除草、去锈、修理厂房、调试新机器。虽然辛苦，可前两年船厂都无法开工，业绩全无。接着，不少人开始笑坪内寿夫——"不可思议的家伙，恐怕做乞丐不远了"，然而坪内寿夫始终信心十足。

为了研究市场需求，坪内寿夫常跟渔船出海。经过深入地调查研究，他发现来岛造船厂虽然无法与大型造船厂抗衡，但如果专门做小渔民的生意，业务上就不会与大船厂发生冲突。当时政府规定，凡500吨以上的船，无论何种用途，其船长和船员必须要有国家颁发的资格证书。坪内寿夫就把准备生产的渔船吨位定在499吨及以下，命名为"海上卡车"。这个想法，既使得购船的渔民省去了考试等诸多审批手续，也节约了雇请人工的费用。同时，根据多数渔民生活较为贫穷、无法一次性付清购船款，但是比较讲信用的情况，坪内寿夫采用了5年分期还款的办法。

由于渔民平日都在船上作业，四处漂泊，难于寻找，只有节日及恶劣天气时才在家里休息。坪内寿夫亲率全体员工在渔民休息期间集体当推销员，深入各渔村挨家挨户地推销。

坪内寿夫的经营对策很成功：来岛生产的"海上卡车"十分畅销。短短8年，来岛造船厂的产量就跃居日本造船业第5位、世界造船业第22位。

坪内寿夫的冒险成功了，这也为他打开了一扇前无古人的经营之门。从此，他开始了拯救濒临破产企业的事业，从高知重工、开成造船、佐世保重工等一系列造船公司，到东方大饭店、嘉禾温泉、东邦相互银行、《新爱媛》报社等各个行业。坪内寿夫仿佛拥有化腐朽为神奇的魔力，先后拯救了数百家濒临破产的大企业，被日本人尊称为"重建大王"，与经营之神松下幸之助并称为"经营双雄"。

为了错过的时光，好好拼一次

古今名将灿如繁星，我最钦佩美军名将乔治·巴顿，有人赞他是铁胆战魂、铁血将军。巴顿在战争中从不按常理出牌，只求赢得战争。巴顿说过："战争是一件没法预料的事情，谁也不知道明天会不会来，干脆就在今天解决问题。"

不为明天而战的"强盗杀手"

作为名满天下的将军，巴顿的军事生涯并不顺利，晋升之路更是充满坎坷。乔治·巴顿从出生起骨子里就流淌着军人的血液，其爷爷和伯父都战死沙场，因此，成为一名优秀的军人是他毕生的奋斗目标——从没考虑过其他任何行业。

1909年6月11日，24岁的巴顿从西点军校毕业，被授予美军骑兵队少尉军衔。

成为军官的巴顿最初踌躇满志，但一段时间后他就有些失落了，整个世界都笼罩着战争的阴云，只有美军悠闲无事，没仗可打。

对于一名西点毕业的骄子，又将上战场作为最高理想，而且那时的世界到处都在打仗，让他在和平国度里担任太平军官，显然有着巨大的心理落差。然而，巴顿展现给世人的表现是这样的——

因为在剑术方面有高超的技艺，骑术、射术、长跑和游泳也很优秀，巴顿竟然参加了1912年的夏季奥林匹克运动会的现代五项比赛，并取得了第五名的优异成绩。回国后巴顿继续忙碌，先是设计出一种新式军刀，命名为"巴顿军刀"，军方订购了两万柄。又到堪萨斯州赖利堡的陆军骑兵学校教授中级骑兵军官剑术。还抽时间为自己的象牙手柄的科尔特单发陆军左轮手枪注册了商标。

几年的忙忙碌碌，巴顿取得了不少额外的成绩，但唯独在军事方面没有建树。到了又一个奥运年——1916年，当巴顿考虑是不是要参加这届奥运会时，他突然意识到自己的军衔还是少尉，而年纪却已经31岁了。

一个立志要做出成绩的人，他们也可能短暂"失忆"，忘了自己曾经的理想，但他们绝不会允许自己永远"失忆"。在觉醒的那一天，无论曾经错过了多少，他们都不会放弃，还是会为了理想奋斗。

唯一与当初不同的是，他们会加快脚步，用拼弥补"失忆"的过往。

1916年3月，庞丘·维拉尔率领墨西哥军队悍然入侵美国新墨西哥州。边境小镇哥伦布被占领，多名美国公民被杀害。面对侵略，美国政府坚决反击，由约翰·约瑟夫·潘兴将军任远征军总司令，率领1.2万美军进入墨西哥讨伐维拉尔。

然而巴顿所在的部队没有被征调。为了参战，巴顿找到潘兴，主动请缨。潘兴任命巴顿为私人副官，负责监督后勤运输。巴顿知道这是好机会，虽然不是一线指挥官，却可以在战斗组织上发挥作用。他向潘兴提出此次战争的重点是"擒贼擒王，速战速决"，快速打掉敌人的指挥系统，摧毁墨军斗志，结束战争。

巴顿的提议得到潘兴的赏识，但让谁来指挥"擒王行动"令潘兴有些犯难。这些和平年代里成长起来的年轻军人，有这样的胆识和能力吗？一旦一击不成，墨军就会有所防备，以后再发动攻击就更难奏效了，战争时间将会拉长。

巴顿找到潘兴，跟将军提出由自己指挥这次"擒王行动"。潘兴看着这个目光坚定的年轻人，严肃地说："你是否知道此次行动的危险性和艰巨性？"

"我是军人，我不知道明天会发生什么，我只知道今天该做什么，而且必须要做到什么。"

听到巴顿的坚定回答，潘兴知道这个年轻人绝非等闲之辈，他忠诚于自己的事业和国家，会用最大的热情和努力完成行动任务。

1916年5月14日，巴顿首次率兵作战，他的部下只有第六步兵团的10名士兵和两位平民向导，坐骑是3辆道奇兄弟车。这支尖兵小分队的任务是奇袭墨军司令部，谁也不会想到，这就是美军历史上的第一次机械化作战。

巴顿激励部下："或许我们今天就会死，但我们也要勇敢完成这次任务。如果我们有幸活到明天，那我们就是英雄。"

在小分队秘密挺进到敌军司令部附近时，巧遇墨军副司令胡里奥·卡德纳斯带着两名卫兵前去督粮。机会难得，虽然不是维拉尔，但也是条大鱼，干掉了一样能扰乱敌军军心。巴顿身先士卒冲向敌人，连开几枪，卡德纳斯和卫兵先后倒地，尾随赶到的美军乱枪齐发，将三人击毙。巴顿率人迅速脱离战场，墨军尾随追击，但最终徒劳而返。

这次漂亮的奇袭行动，巴顿以己方未伤一人的战绩受到潘兴的青睐，也受到美国媒体的赞赏，被誉为"强盗杀手"。9天后，巴顿被晋升为第十骑兵团中尉。

这次突袭行动在军事史上非常不起眼，整个墨西哥入侵美国及美军远征反击的战争，在军事史上都不值得一提，但却被巴顿抓住了机会，用智慧和牺牲精神让原本有可能发展成更大规模的战争很早就结束了。很难想象以11名军人突袭敌人司令部是怎样的胆量，而能够全身而退又是什么样的指挥能力。

此后，巴顿一直在远征军中服役，直到1917年5月15日被晋升为上尉并动身前往欧洲参加第一次世界大战。

为了失去的20年，拼了

当乔治·巴顿以少校军衔从欧洲战场回国后，再次面临无仗可打的现状，他又一次迷茫了。从1919年至1939年第二次世界大战爆发，整整20年，巴顿都做了些什么呢？编写了一个防卫计划，预料到了会有一场针对珍珠港的偷袭；结识了两个人，德怀特·艾森豪威尔和乔治·马歇尔；进了3次军事院校，深入学习各种战争理论；写了数篇论文。1938年7月24日，巴顿终于被晋升为上校，这一年他已经53岁了，成了名副其实的老兵。

已经有人跟巴顿谈论退役后的事情了，认为他做到上校军衔可以了，毕竟他20年都没做什么。巴顿非常不高兴，他一直希望自己能成为指挥千军万马的将军，可梦想之花尚未开放，竟然就要凋谢了。此时的巴顿才觉悟，和平的20年自己原本可以做很多，却因为承平太

147

久而没有奋发，现在已经年过半百，还有机会实现梦想吗？如果就此放弃梦想，生活会很好，很轻松，很惬意，只是内心永远怀有遗憾；如果不放弃，面对已经越来越少的时间，唯一的做法只有超常规努力……拼了！

巴顿选择了拼，从53岁开始。

1939年第二次世界大战爆发，巴顿知道自己有了用武之地。起初美国保持中立，但军队已经开始部分动员，巴顿力荐成立装甲部队，他认为装甲将成为战争的胜负手，美国还没有装甲集群部队，一旦参战，将极为不利。

巴顿从来没有这么认真地为一件事拼命奔走，但效果并不明显，因为军衔不高，建议难以直接抵达上层。巴顿没有放弃，他发誓一定要让装甲军队进入美军的战斗序列。1940年初，巴顿结识了后来被称作"美国装甲兵之父"的阿纳德·霞飞，两人共同提出组建装甲部队，建议终于获得批准。霞飞被任命为装甲兵部队总司令，奉命组建第1和第2装甲师。巴顿被任命为第2装甲师下辖第2装甲旅指挥官，这个师是当时美国少数以大量坦克构成的部队之一。

巴顿指挥训练第2装甲旅，他训练严格规范，每名士兵都必须按照他教授的动作要领严格执行，还要在规定时间内完成整套动作，不能有半点儿错误和延迟。第2装甲旅的士兵无论训练多辛苦，每天都要严整军容，衣服齐整、皮鞋锃亮。巴顿起表率作用，要求士兵做到的，自己都会做到。整个装甲部队，巴顿的部队战斗能力最强，精神面貌最好，每次演习考核都名列第一。因为成绩斐然，10月2日，巴顿晋升为准将，并于11月成为第2装甲师代理师长。

像训练第2装甲旅那样，巴顿用了一个月魔鬼般的训练，将第2装甲师的战力水平提升了一个层次。虽然他感觉自己像蜕了几层皮一样的疲惫，但一切都是值得的，军人就是要承受常人不能吃的苦，才配走上战场。

随后，巴顿举办了一次高调的大规模演习，他指挥全师一千三百多辆坦克及各种车辆，从乔治亚州的哥伦布行军到佛罗里达的巴拿马，然后原路返回。回到训练基地休整一个月后，全师所有车辆人员再次出发行进一个来回。巴顿拥有飞行执照，他在演习过程中从空中对部队的坦克、车辆、人员调配进行观察，以找出实战中的有效部署方法。巴顿严谨负责的做法，不仅军方看在眼里，整个美国社会都为之震动，他成为那一年《生活》杂志的封面人物。1941年4月4日，巴顿正式担任第2装甲师师长，并晋升为少将。

蛰伏20年，用一年半的时间让自己成为将军，并指挥着最喜欢的装甲部队，巴顿的梦想实现了一半。在以后的二战战场上，巴顿还导演了数次"拯救"弱兵团的剧情——只要经他手训练，病猫立即变猛虎。

巴顿的梦想还有一半，就是上战场，他要让手下的坦克精英们去欧洲战场展现威力。虽然美国还没有参战，但要做好一切准备，去之能战。

1941年6月，巴顿率领第2装甲师参加田纳西州军事演习。原本计划48小时到达目的地，巴顿的军队只用9小时就抵达。9月的路易斯安那州演习，巴顿所在的"蓝军"阵营苦战不下，他率领第2装甲师绕过"红军"阵地，行进640千米占领目标营地。10月至11月的卡罗莱纳州演习，巴顿的第2装甲师俘虏了对方军队指挥官休·德鲁姆。

1942年1月15日，巴顿晋升为第1装甲军军长，军衔不变。成为军长第一天，巴顿就极力强调装甲部队战斗时须不断打击敌人的必要性。为了加强部队训练，他在加利福尼亚州帝王谷建立起沙漠训练中心。从1941年末开始演习，一直持续到1942年夏季。

随后巴顿率军奔赴北非战场，正式参加第二次世界大战。他擅长以快制快，部队常常进行不讲理式的推进和攻击，成为最让德军胆寒的盟军将领。巴顿经常告诫部下："为了咱们的祖国，为了我们的梦想，我们都必须拼搏。因为不是每一个明天都会到来，就算我们看不到明天的太阳，也不会因为今天的不努力而遗憾。"巴顿的告诫成为很多美军铭记一生的忠告，许多人在退役后继续努力拼搏，成为各个领域的佼佼者。而他们的老上司——巴顿将军，也因军功最终晋升为四星上将，实现了一生的梦想。

我们难免会有一段无所作为或是与梦想相距遥远的日子，然而在沉寂的岁月之后，我们应该像巴顿将军一样，在新的起点，为了错过的时光，好好拼一次。

山德士上校的一千零九次

很多人都吃过肯德基，也都知道肯德基招牌上的那个老头就是肯德基的创始人——山德士上校。

山德士上校，原名哈兰·山德士，1890年9月9日出生于美国印第安纳州亨利维尔附近的一个农庄。他的家境本不富裕，在父亲去世后，母亲和3个孩子的日子过得愈发艰难。

为了生活，母亲同时做好几份工作，白天去食品厂削土豆，晚上给人缝衣服，没工夫照料孩子。6岁丧父对于小山德士打击很大，但他是家中的老大，他要帮母亲撑起家，照顾弟弟妹妹。每天，没有厨台高的山德士都要为全家人准备一日三餐。过了一年，山德士竟然学会了二十几种餐品的做法。谁也不会想到，就是这段艰苦的岁月，竟是山德士未来成功的基础。

母亲再嫁后，山德士和继父的关系不好，6年级就辍学离开家乡，来到格林伍德的一家农场做工。此后，山德士换过很多种工作，做过酒吧招待、粉刷工、码头工人、消防员，卖过保险，送过报纸，挖过煤，做过销售员、洗碗工、旅馆侍者，等等，然而这些都没能从根本上改变他的境遇。

这期间，山德士成家立业，直到40岁还是在各处打工的普通人。不过，山德士还是希望能做些不一样的，以便让未来的生活更有保障。

40岁，梦想正式起航

40岁之前的山德士并没展现太大的智慧和能力，在飞逝的时光面前也无能为力。

40岁时，山德士带着全家来到肯塔基州，拿出全部积蓄开了一家名叫"可宾"的加油站。他告诉自己："伙计，拼一次吧，不能再碌碌无为下去。"

遗憾的是，加油站生意很一般，依旧不能让山德士看到希望。不过，没多久，山德士发现来加油的人往往都因经历长途跋涉而饥肠辘辘，他便有了做方便食品销售的念头。于是，他开始在加油站的小厨房里做些方便食品，招揽来加油站加油的顾客。

山德士有一个拿手食品，就是后来闻名于世的肯德基炸鸡的雏形，由于味道鲜美、口味独特，受到热烈欢迎，甚至有人不为加油，而是专门来吃炸鸡。渐渐地，顾客越来越多，加油站容不下了，山德士就在马路对面开了一家"山德士餐厅"专营炸鸡。以后几年，他边经营餐厅，边研究炸鸡的特殊配料，形成了独特无双的口味。

1935年，山德士的炸鸡已闻名遐迩。肯塔基州州长鲁比·拉丰为了感谢他对该州饮食行业做出的特殊贡献，正式向他颁发了肯塔基州上校官阶，所以以后人们都叫他"亲爱的山德士上校"。

达到这个高度时，山德士45岁了，到了企业家最好的年纪，可以继续大干一番。他也畅想着以后的发展，仿佛前边只有阳光大道，再没有泥泞小路，但现实却非如此。

最好的时候隐藏最坏的危机

眼看生意一天强似一天，山德士决心加快扩展速度，他拿出全部积蓄并申请了一大笔贷款，在山德士餐厅旁边加盖了一座汽车旅馆。在著名的霍德华、约翰逊汽车旅店建成之前，山德士汽车旅馆成为第一个集食宿和加油为一体的企业联合体。

为了提高管理能力，山德士专门到纽约康乃尔大学学习饭店旅店业管理课程。"山德士炸鸡"的名声越来越大，客人越来越多，如何快速为顾客上餐成了一大难题，尤其是炸鸡制作时间长，速度更慢。经过思考，山德士想到了用压力锅缩短烹制时间的办法，他做了各项有关烹煮时间、压力和加油的实验后，终于发现一种独特的炸鸡方法。在一个固定压力下炸出来的炸鸡是他所尝过的最美味的炸鸡，至今肯德基炸鸡仍使用山德士发现的妙方。炸鸡制作时间短、味道好，引得更多食客蜂拥而至。

但就在山德士的经营红红火火时，第二次世界大战爆发了，这给了他毁灭性的打击。为了应对战争，美国政府规定实行石油配给，很多加油站被迫关门，可宾加油站也成了不幸的一员。但这不是最糟糕的，随后，由于新建横跨肯塔基的高速路需要穿过山德士餐厅和山德士汽车旅馆，两个产业都被迫中断了。

突如其来的变故把山德士推向了深渊，为了偿还债务，他用光了所有积蓄。哈兰·山德士——昔日受人尊敬的上校先生，一下子从人人尊敬的富翁变成了一无所有的穷人。此时山德士已经56岁了，靠每月105美元的救济金过活，连他的亲友都认为他这辈子也就这样了。

但山德士不想就此了却自己的一生，他对着政府给他的第一张养老金支票说："最好的时刻潜藏着最坏的危机，而最坏的危机却也是最好的开始。我要从56岁开始，让梦想再一次出发。"

56岁，梦想再次起航

可是，梦想只能是梦想，因为生活还是困难重重。山德士冥思苦想，该怎么做才能摆脱困境呢？自己拥有的最大价值的东西就是炸鸡制作方法了，对！就是炸鸡做法，这是一笔巨大的无形资产。他想起曾经把炸鸡的做法卖给犹他州的一个饭店老板，这个老板干得不错，所以又有几个饭店经营者也买了他的炸鸡制作秘方。他们每卖一只鸡，付给山德士5美分分红。山德士想也许还有人想要这样做，没准这就是事业的新起点。带着兴奋和对未来的不可预知，56岁的山德士上校开始了自己的第二次创业。他带着一只压力锅，一个50磅的作料桶，开着他的老福特上路了。

身穿白色西装，打着黑色蝴蝶结，一身南方绅士打扮的白发上校从肯塔基州到俄亥俄州，沿途停在每一家饭店的门口，兜售他的炸鸡配方，要求给老板和店员演示炸鸡制作过程。如果哪家饭店认可他的炸鸡，就卖给他们特许权，并教他们炸制的方法。

事情的进展并不顺利，没人相信他，大多数饭店老板都不愿听他"胡说"，甚至有人觉得他疯了，有两次他差点儿被送进精神病院。

整整两年，山德士被拒绝了1009次，终于在第1010次走进一家饭店时，他得到了一句"OK"的回答。这样一个简短的回复却包含了无数的心酸在其中，也包含了无限的希望。

有了第一家，就会有第二家，在山德士不懈的努力下，他的炸鸡和他的想法终于被越来越多的人接受。1952年，盐湖城第一家授权经营的肯德基餐厅建立了，这就是世界上餐饮加盟特许经营的开始。紧接着，让人惊讶的事情发生了，山德士的业务像滚雪球般越做越大。短短5年，山德士的肯德基餐厅在美国、加拿大已发展了400家的连锁店。

1955年，65岁的山德士上校正式成立了肯德基有限公司。1964年，律师约翰·布朗和资本家杰克·麦塞等人组成的投资集团以200万美元收购了他的公司。后来，肯德基又几经转手，但特许经营的方式一直没有改变，而肯德基的形象也一直都是：一身白色西装、满头白发、戴着黑框眼镜、永远笑眯眯的山德士上校。

山德士上校的一生是一个传奇，年轻时干过各种各样的工作，终于在40岁的时候在餐饮业上找到了事业的起点，然后历经挫折、破产，又在56岁时东山再起，创造了另一个辉煌。

两次创业，不管是40岁还是56岁，山德士都不再年轻，很多人到了这样的年纪都会因怕输不起而退却。然而，山德士没有这种顾虑，在他看来，梦想就是一艘一往无前的航船，就算暂时搁浅，也要再次扬帆起航。

第
五
章

跑不赢时间，
但跑得赢时钟

没有人能跑赢时间，但我们可以想办法跑赢时钟。一天24小时，雷打不动，但是我们却可以创造超过24小时的价值，可以为未来奋斗积攒更多的能量。

和第一缕阳光说早安

　　小时候听人说，清晨的第一缕阳光最纯净，能净化人的灵魂。这句话我一直记在心里，希望自己快点儿长大，可以去攀登一座高峰，然后与第一缕阳光会合，期待自己的灵魂被净化。

　　长大后，我实现了愿望，登上了英格兰最高峰——斯科费尔峰，虽然还不到1000米，但真的攀登上去还是很不易的，很多攀登爱好者将此峰列为一生必登之山。

　　清晨未到，我已在山顶等待，寒风瑟瑟，冷入骨髓，但我好像都没什么感觉——对第一缕阳光的期盼淹没了其他所有感觉。终于，遥远的天际有了微光，不仔细看都看不到。好像只是眨了几次眼，天际就已泛亮，我知道，太阳就在下面，随时会露出头。再也舍不得眨眼，瞪着眼睛等待，就怕错过那一缕光线。

　　突然，一丝不同于别处的亮冲入眼帘！哇！第一缕阳光！真的不同，一种淡淡的黄，虽然很亮，却可以凝视。当它出现在地平线的一刹那，天地仿佛静止了，只有这一缕光线是有生命的。我的心灵突然敞开了，迎进了这一缕光线，过往的一切阴霾顷刻间全部消散，内心再无杂质。这缕阳光洗涤了我的心，开始了轻快的一天，没有比这更令人幸福的事了。

第一缕阳光带来的力量

所有成功人士有一个共同特性，就是勤奋。不要认为勤奋是多么庞大的工程，好像方方面面不可尽数。其实，万事都有开端，只要把握住开端，后续就可顺其而为。而勤奋的开端就是早起，迎接第一缕阳光奔跑。

本杰明·富兰克林说："我未曾见过一个早起勤奋、谨慎诚实的人抱怨命运不好；良好的品格，优良的习惯，坚强的意志，是不会被假设所谓的命运击败的。"

科学研究表明，早起比晚睡更有效率，成功人士基本都早起。苹果CEO蒂姆·库克、百事可乐CEO卢英德，每天4点半起床；通用电气CEO杰夫·伊梅尔特、Twitter创始人杰克·多西，5点半起床；李嘉诚、宗庆后，6点准时起床。

早早起床，你有足够的时间吃完早饭，把自己收拾得体体面面，心情大好去公司，做接下来该做的事情。

苹果CEO蒂姆·库克：每天早上4点半起床发邮件，5点出现在健身馆；

星巴克CEO霍华德·舒尔茨：每天从健身开始，通常是跟他夫人一块骑车，然后6点到办公室；

微软总部高层里唯一的华人陆奇：凌晨3点起床，跑步5千米；

台塑集团创始人王永庆：每日清晨4点起床，游泳、早操、跑步、读书，早上9点上班；

李嘉诚：早上6点起床后先锻炼一个半小时，包括打高尔夫球、游泳及跑步；

富士康总裁郭台铭：早上4点起床，进行游泳或跑步锻炼；

…………

成功人士大部分都是勤劳者，早起与第一缕阳光说早安已经是他们生活的习惯。我们这些尚在拼搏中的人，更应该学着去拥抱第一缕阳光。阳光给予我们的力量是渗透进心灵的力量，是跟时间赛跑的觉醒和勇气。

增强个人自制力

自制力是指一个人在意志行动中善于控制自己的情绪，约束自己的言行。自制力主要表现在实际工作、学习中，努力克服不利于自己的恐惧、犹豫、懒惰等。自制力对人走向成功起着十分重要的作用。那么，如何才能建立个人自制力呢？

自制力是一项系统工程，人生的任何行为都可以涵盖进去，目的就是加强人在各方面的自控能力。但如果一下子让一个自制能力不太强的人全面增强自制力，这显然不太现实，最好找到一个突破口，由此逐渐深入，增强自制力。

我找到的简便实效的方法是晨跑，因为我就是靠晨跑改掉了赖床的坏习惯。每天早起进行5千米慢跑，不论严寒酷暑还是刮风下雨，都要坚持。

恋床是很多人的生活习惯，让恋床的人早起锻炼，这并不是一件容易的事情。而且，晨跑也是艰苦且乏味的，是地地道道的自讨苦吃。

然而，只要选择了坚持，这份苦差就不会那么恐怖了，而且随着身体状况的改善，晨跑更是一件快乐的事。晨跑同时带来的是早起的习惯，当习惯成自然的时候，我们的自律能力、决心、意志、承诺、效率、自信、自尊都得到锻炼和提高。

用勤奋煮沸余下的时光

文学家说勤奋是打开文学殿堂之门的一把钥匙；

科学家说勤奋能使人聪明；

而政治家说勤奋是实现理想的基石；

…………

勤奋不光指身体上的勤奋，更包括精神上的勤奋；勤奋靠的是毅力，是持之以恒。因此，我们在做每一件事的时候，都要做到两个字——勤奋。

一只蜜蜂若要酿造一千克的蜜，必须在100万～500万朵花上采集"原料"，每次携带50毫克的花蜜，要在花丛和蜂房之间来回飞15趟才能把花蜜送回。假若采蜜的花丛同蜂房间的平均距离为1500米，它们就得飞

45万千米，差不多等于11个地球赤道长。显然，蜜蜂配得上勤奋的赞誉，它拥有超乎寻常的勤奋。

美国盲人作家海伦·凯勒在19个月时因患急性充血症被夺去视力和听力，从此生活在没有声音、没有光明的世界里。直到她的恩师安妮·沙利文来到她身边，带给她生命的希望。沙利文教小海伦说话，但她又聋又盲，如何说话呢？沙利文用了触觉法，让海伦靠触觉了解别人的意思，靠触觉了解如何发音，靠触觉学习舌头应怎样动。海伦每天都十分勤奋地练几个小时，有时每天竟练习十几个小时。最终，她完成了常人认为不可能的事——掌握了五门语言，并著书立说。

爱迪生说："天才是百分之九十九的勤奋加百分之一的天赋。"由此我想到：人的智商本无多大差别，只不过有的人更勤奋，所以才出类拔萃。

孙敬头悬梁，苏秦锥刺股

"头悬梁，锥刺股"是中国古代书生勤奋的代名词，凡是想要有所成就的人，都以此为激励自己的方式。

孙敬，东汉著名政治家，年轻时勤奋好学，常常是废寝忘食。古代男女都束发，头发很长，为了不让自己在读书时因为疲惫而睡着，孙敬想出了一个办法：找一根绳子，一头扎紧头发，另一头绑在房梁上。当他因读书疲劳打盹了，头一低，绳子就会牵住头发，这样会把头皮扯痛进而变得清醒，继续读书学习。孙敬每天晚上读书都用这种办法，年复一年地刻苦学习，终成饱学之士，常有不远千里的学子负笈担书来向他求学问疑。

这是孙敬"头悬梁"的故事，而"锥刺股"故事的主人公是苏秦。

苏秦，战国时期洛阳人，少有大志，师从隐士鬼谷子，学成后以为自己的学问足以改天换地，就外出游历。以纵横联合之术游说秦王，但并未被采纳，又经过几年等待，仍是一无所获。苏秦身无分文了才不甘地离开秦国，狼狈地回到家中。

见苏秦回来，妻子连看都没看他一眼，仍然埋头织布，嫂子也不肯为他做饭，老父母也不和他说话。见此凄凉情景，苏秦长叹说："27岁了，没有任何成绩，妻子不把我当丈夫，嫂子不为我烧饭，父母也不把我当儿子，这都是我的罪过啊！"

苏秦立誓发奋读书，一定要出人头地。从此，他心无旁骛，不理会任何人的嘲讽，废寝忘食地读书。晚上想睡觉时，就拿锥子刺自己的大腿，刺得鲜血直流到脚上，疼痛会让他继续打起精神读书。每天晚上都是如此，苏秦的大腿被扎得没了好地方。

经过一年苦读，苏秦再次游历列国，这一次境遇完全不同，苏秦的才气接连打动了齐、楚、燕、赵、魏、韩六国国君，佩六国相印，六国连横抗秦。

勤能补拙，最忌一曝十寒，真正的勤奋是不怕苦、不畏难、持之以恒，是耐得住寂寞，在寂寞中苦苦钻研。

"磨炼法则"

亚里士多德说："美好的人生建立在自我控制的基础上。"如何增强自制力呢？"磨炼法则"是个不错的选择。

磨炼法则对于培养克己自制的品质至关重要。埃德蒙·希拉里是第一位征服珠穆朗玛峰的新西兰人，他在被问起是如何征服世界最高峰时回答："我真正征服的不是一座山，而是我自己。"希拉里征服珠峰所凭借的就是意志力和自制力。

TIPS

每天去做一点儿自己心里并不愿意做的事情，这样你就不会为那些真正需要你完成的义务而感到痛苦。

如何做到克己自制，马克·吐温这样回答："关键在于每天去做一点儿自己心里并不愿意做的事情，这样你就不会为那些真正需要你完成的义务而感到痛苦，这就是养成自觉习惯的黄金定律。"

　　培养自制力的目的是为勤奋添砖加瓦，勤奋是成功的基石，能促成我们登上高塔览尽无限风光。勤奋点燃激情的火焰，谱就人生的华章。

有了选择，立即开始

没有选择是痛苦的，因为连机会都没有，人生和事业无法展开。但选择太多也是痛苦的，因为会被过多的机会迷住双眼，反而不知道该怎么抉择。如今是一个多元化的时代，每个人的前方都有很多条路，而选择是一门大的学问。选对了，前途无量，风光无限；选错了，前途暗淡，波折不断。正因为选择对于前途有巨大影响，选择才变得异常困难。

其实，选择并没有多么困难，首先是随心，我们的内心最喜欢什么样的行业，最希望到达哪里……虽然，有时候在别人看来我们的选择匪夷所思，但只要我们随心做选择，无疑会对自己的选择越发用心，加倍珍惜。

然后是凡事不怕晚，不要让年纪制约自己的成功，选择不仅是青年人的权利，中老年依然可以选择。随着年龄的增长，我们只会越来越成熟，看事情也会越来越全面，选择的正确性也会更高。

接着是行事不犹豫，犹犹豫豫只会一再错过机会，而最好的机会常常一去不复返。任何成功都是靠适时抓住机遇得到的，犹犹豫豫不敢尝试，最终只能坐等失败一事无成。

最后是坚持，做出了选择就要坚持，坚持到底才能让梦想成真。下面详细说明。

选择要随心

很多人自己不会做选择，总是要问别人：我该学法律还是学医学？我应该考哪个学校，北大还是清华？我应该去从事销售，还是去当经纪人？我想创立公司，是做代理，还是自己做研发？

问类似问题的人每天都很多，有机构计算过，世界上至少77.5%的适龄工作人员面临选择困难。

也有很多人希望我能教他们做出选择，甚至干脆替他们做选择。通常我会反问那些人："你真正想要的是什么呢？这个问题的答案不是头脑里想出来的，而要从心而出，是最初的那一闪念。"

不明白自己想要什么，或者假装不知道自己想要什么，就会很迷茫，很不开心，即使已经有了不错的成绩也会觉得很累，得到以后也没有成就感。

马克·扎克伯格说："不怕没有能力，最怕不敢面对自己。"明明想要事业成功，却非要低着头过碌碌无为的生活；明明不爱一个人，硬是要违心地与其生活在一起……

与其违心地过活，不如追随自己的心灵，不然，除了难以迎来想要的成绩，心还会长期隐隐作痛。

选择不怕晚

选择从来不晚，开始的年纪永远不老，唯有什么都不做，才让我们失去希望。

一位刚过完80岁生日的老人在公园等人下棋，遇到一位画家。攀谈中，画家知道老人靠下棋打发日子，就建议老人不如学绘画。

老人说："我连画笔怎么拿都不知道，怎么作画呢？"

画家说："你可以去试一试呀！"

老人决定试一试再说。这一试，老人竟与绘画结下了不解之缘。几年以后，老人成了美国著名画家，他就是哈里·利伯曼。

80岁的画盲也可以重新逐梦，学习绘画最终名满天下。由此可见，梦想属于每一个勇于逐梦的人，年龄从来都不会阻碍我们的选择，在别人认为不可能的年纪也能创造可能。所以说，我们的人生从来都不是别人说了算，也不是世俗观念说了算，而是自己的选择说了算。

选择不犹豫

加里·布瑞尔曾自嘲自己患上了选择困难症，凡是遇到必须做出选择的时候，他总是犹豫不决，难以做决定。他的人生，无论大事小情，能独立做出决定的很少。这种问题一直困扰着他，终于有一天，他决心改变，首先就从做选择开始。从每一件小事锻炼自己，有了想法的就坚持想法，没有想法的就选择利益最大化，总之就是要快速果断地做选择。

慢慢地，加里·布瑞尔发现自己做的决定大部分竟然都是对的。原来，并不是自己分析判断事务的能力不行，而是很多时候选择不够果决。于是，加里·布瑞尔决定，一旦有了想法就坚定追随内心想法就好了，将自己培养成一个能够迅速果断做决定的强者。

1989年，52岁的加里·布瑞尔决心创业，虽然很多朋友都投了反对票，但是他依旧毫不犹豫地做出选择。他找到米妮·考尔合作，两人共同创建了Garmin公司，主项为全球定位技术。公司最初将目标客户定位在船员和导航上，接下来将产品扩展到汽车导航。这次的选择让加里·布瑞尔的人生真正走上了"快车道"。

机遇如同闪电，犹犹豫豫只会错失，并留下难以磨灭的遗憾。我们常常会在选择中迷失，或许你有着这样那样的担心和顾虑，然而立即行动才有机会走向成功，不然只有艳羡别人的份了。

选择要坚持

选择的执行力在于坚持，一个没有将坚持执行到底的选择，等于从一开始就没做出选择，而且以往做过的所有努力都成了无用功。

若泽·萨拉马戈，1922年出生于葡萄牙南部阿连特茹地区阿济尼亚加镇的一个贫苦农民家庭，后随全家移居首都里斯本。由于家庭经济困难，萨拉马戈17岁中学未毕业就开始工作，当过工人、绘图员、社会保险部门职员和翻译。

在工作之余，萨拉马戈喜欢写作，坚持每天在业余时间创作。1947年，他的第一部小说出版，使他从一名底层电焊工一跃成为文学杂志记者。

那时的葡萄牙处在安东尼奥·德奥利维拉·萨拉查的独裁统治下，民间很多有识之士一直没有停止反抗独裁。在接下去的28年中，

173

他除了作为一名记者出版零星的作品外，主要的精力花在与独裁者的斗争上。其间，萨拉马戈被当政者不容，几次九死一生，但他反抗之心从未动摇，"就算老到走不动路，我也要继续反抗"。

萨拉查交权后，还有马尔塞洛·达斯内维斯·阿尔维斯·卡丹奴，终于在1974年，葡萄牙"康乃馨革命"成功，迫使卡丹奴下台，翌日被放逐至马德拉群岛，随后流亡巴西。

看见自己为之奋斗的事业终于获得了成功，坚持了28年的萨拉马戈非常兴奋，终于可以做自己喜欢的事情了。从1975年开始，他正式成为一名职业作家。

1982年，小说《修道院纪事》出版，萨拉马戈名声大噪。1996年初，萨拉马戈获得1995年度葡萄牙语文学创作最高奖项——卡蒙斯文学奖。1998年，萨拉马戈的文学造诣到达顶峰，凭借《失明症漫记》获得了诺贝尔文学奖，成为第一个也是唯一一个获得诺贝尔奖的葡萄牙作家。

一位十分想成为作家的人，选择为了内心的梦想搁置文学28年。这样的做法虽然对自己很残酷，但他却最好地诠释了选择的意义。人生能为大事业做选择的机会并不多，当有机会为之奋斗时，必须要坚持到底，这不仅是对事业的忠诚，也是对自己的忠诚。

每一刻都是黄金时间

摩西奶奶说："那些真正有所追求的人们，他们生命中的每一个时期都是美好的、年轻的、及时的。世界上最公平的是时间，最不公平的也是时间，别人没办法从你这里偷去，而你却也没有能力将时间静止。它随着自己的意愿从每一个人身边滑过，不管你是悲伤的还是快乐的，不管你是寂寞的还是高兴的，它都不理会。在经过你身边的那一刻，它会带走你之前的所有情绪和伤悲，不会给你留下往时的悲伤，也不会给你留下往时的磨难。当然，它也不会好意地将往时的快乐留给你当作纪念。而我们要做的，就是努力把握住那些还未来得及溜走的时光，享受我们生存的每一个阶段，将每一个阶段里的故事，在时光还没有收走之前，紧紧地收藏。"

最公平的家伙

时间是最公正的消耗品，它不会因权贵、贫贱、俊丑而"短斤少两"。一样的品质，一样的尺度，在它面前人人平等。

"二战"三巨头之一的英国首相温斯顿·丘吉尔是个著名的工作狂，平均每天工作17个小时，10位秘书都应付不过来他的命令。为了

提高迟缓的政府机构的工作效率，丘吉尔制定了一种体例：他在那些行动拖延的官员们的手杖上都贴上了一张"即日行动起来"的签条，并告诫那些官员每天至少认真看三遍，以加强记忆。

丘吉尔之所以这样做，是因为他知道时间意味着什么。时间只珍爱爱惜它的人们。声色犬马、碌碌无为，时间就会从你的身边悄悄溜走；不断学习，充实自己，你就会觉得时间在有意为你放慢。

在美国夏威夷岛上，学生们上课时总要背诵一段时间的箴言："一个人的一生中只有三天：昨天、今天和明天。昨天已经过去永不复返，今天已经和你在一起，但很快也会过去，明天就要到来，也会消逝。抓紧时间吧，人生只有三天。"

想尽办法节省时间

托马斯·爱迪生常对助手说："最大的浪费莫过于浪费时间了。人生太短暂了，要多想办法，用极少的时间办更多的事情。"

一天，爱迪生在实验室里递给助手一个没上灯口的空玻璃灯泡，说："你测量一下灯泡的容量。"

说完，爱迪生继续低头工作。过了好半天，他问助手："容量是多少？"

但爱迪生没有等到回答，他不耐烦地抬起头，刚要再次催促，看到助手正拿着软尺在测量灯泡的周长、斜度，并拿了测得的数字伏在桌上计算。

爱迪生急了，对助手说："时间，时间，怎么费那么多的时间呢？"说着他走过来，拿起那个空灯泡向里面注满了水，交给助手，说："将里面的水倒在量杯里，马上告诉我它的容量。"

TIPS

人生太短暂了，要多想办法，用极少的时间办更多的事情。

助手立刻读出了数字。爱迪生说："这是多么容易的测量方法啊！它又准确，又节省时间，你怎么想不到呢？还去算？！那岂不是白白地浪费时间吗？"

助手脸红了。爱迪生喃喃地说："人生太短暂了，太短暂了，要节省时间，多做事情啊！"

诚然，节约时间有时候需要智慧，但是更重要的还是意识。如果我们在日常生活中总是想方设法地节约时间，把节约时间当作一件重要的事情，那么我们总能找到节约时间的办法。

做个与秒针同步的人

如果你真的想做到珍惜时间，就要以秒为单位，让自己的时间尽可能地被分割为小的单位，才有助于自己在最短时间内完成工作。

如果以秒为单位规划人生，我们肯定就会这样说，"下一秒我就开始"，"下一秒一定去做"，"下一秒一定做好"。

一旦我们以秒计时，就会察觉到：每一秒都不可忽视，都是人生最为宝贵的黄金时间。

起步虽晚，一样封神

一位好友出远门，将儿子托付给我。男孩13岁，学习成绩不错，还喜欢写一些小文章。一天，男孩很高兴地将他写的文章拿给我看，题目是《起步早等于成功早》。我认真地看了每一句话，其中一句他这样写："人一生时间有限，想要有所成就，就必须早起步，早努力。"

看完，我问他："如果起步晚了，人生将会怎样？"他闪亮着大眼睛，一本正经地说："当然是失败，早一天努力，早一天成功。"我笑着对他说："向往成功绝对正确，早起步也是对的，但却不是所有的成功都源自早起步。很多人因为各种各样的原因没能早起步，或为生活所迫，或是没有找到方向，或是缺乏斗志，然而晚起步的他们坚持梦想，依旧可以获得骄人的成就。晚起步，晚努力，都不能算是一种失败，失败的是永远不起步，不努力。"

男孩眨眨眼睛，想了好久，才说："也许我将来也会因为某些原因，不能早起步做我想做的，但无论什么时候开始做，我都会努力做下去，直到成功。"

还有什么样的语言比这个13岁男孩的话更能打动人心？

勇于起步，不管多晚

提起菲尔·泰勒，恐怕喜欢飞镖的朋友都要顶礼膜拜，他真是巨星中的巨星。

菲尔·泰勒1960年出生于英国，从16岁离开学校到26岁，他都是在钢板厂工作的蓝领工人。不断重复性的工作，让泰勒看不到未来的希望，连向心爱女孩求婚的勇气都没有。为了排遣郁闷，泰勒在工作之余到飞镖俱乐部进行业余训练。在这家名叫Huntsman的俱乐部，泰勒遇到了影响他一生的人——埃里克·布里斯托，飞镖界的世界巨星。他看到二十多岁的泰勒虽然动作不够规范，但准确度不错，并有一套自己独特的掷镖理论，布里斯托就断定此人将来能够成功，决定说服泰勒专业练习飞镖，成为职业选手。

"如果不做选择，一辈子都可以从事钢铁类工作，虽然不至于大富大贵，至少也可以衣食无忧；如果听从建议，不仅要放弃现在的工作，就算努力地训练也未必有很好的未来。"最开始，泰勒是这么想的，很快打起了退堂鼓。然而，后来泰勒想到自己才26岁，就算是有些晚，但是为了梦想冲一冲没准就成功了。

对于成功的渴望让泰勒毅然决然选择辞职，开始了一生中最大的一次冒险。

流出的汗水比飞镖要重

为了让泰勒有钱专心训练，布里斯托给予一万英镑赞助费，条件是当泰勒在日后比赛中获得奖金，要连本带利偿还。布里斯托告诉泰勒，他只需要对赢得比赛感兴趣，其他一切都不重要。

泰勒开始了艰苦的训练，每天早上5点准时起床进行体能练习，7点至11点正式训练，休息两小时后继续训练，下午5点结束，晚上他要进行腕关节恢复按摩。无论生病还是节假日，泰勒没有休息一天。在人们的印象里，飞镖运动不需要大运动量，但泰勒每天训练下来都汗湿后背。他的脑子里想的就是飞镖，将全部的心血都献给了飞镖事业。

经过4年的艰苦训练，1990年，泰勒参加正式比赛，那时他已经年满30周岁。1990年的加拿大公开赛，泰勒在决赛中以5比1战胜了名将鲍勃·安德森，成为第一个没有世界排名便赢得世界冠军的选手。这次获胜震惊了世界，泰勒第一次让世界知道了自己。

此后，泰勒参加Embassy大赛，在决赛中泰勒以6比1轻松战胜了他的良师益友布里斯托。泰勒接连两次大赛夺冠，提升了自己在飞镖界的地位。

有记者采访他凭什么能够一飞冲天，他回答："凭勤奋，我每天流下的汗水比练习的飞镖都重。"

在当时，很多人认为泰勒的成功只是昙花一现，因为人们很难认可一位此前毫无名气，突然就名声大噪的30岁老选手。但在1990年，泰勒参加50场比赛获得了48场胜利，其中包括单人赛、双人赛、三人赛等不同赛制。因为战绩卓著，泰勒有了代表国家队出战的机会，这让他的人气进一步提高。

从1994年开始，此后连续8年泰勒都稳坐世界第一的宝座，成为飞镖史上最为闪耀的巨星。如今，泰勒的世界冠军次数达到20次，国际性飞镖巡回赛冠军超百次。在飞镖界，泰勒属于神一样的存在。因为泰勒超乎寻常的杰出表现，被外界尊称为"飞镖皇帝"，更被英国女皇授予MBE勋章。

泰勒的成就告诉我们，起步晚不算什么，困难多也不算什么，只要敢选择、肯付出，成功总会向我们招手。

你的茶余饭后，我与时间竞跑

提起靠勤奋努力最终大器晚成的人，我很快想到宗庆后——娃哈哈品牌的创始人，一位深有影响力的超级富豪。

宗庆后的创业年龄是42岁，这本是许多成功者收获的年纪，宗庆后却只能默默努力，希望靠自己的勤奋换来一番成就。

在灰暗的日子里也不放弃希望

宗庆后，1945年出生，家境贫困。在宗庆后4岁那年，父亲带着全家迁回杭州老家，却一直找不到工作，只能靠妻子做小学教师维持家用。异常艰苦的家境让宗庆后很早就知道要为父母分忧。1963年，宗庆后初中毕业去农场劳动，以贴补家用。1964年，下乡潮到来，宗庆后被分配到绍兴农场。在海滩上挖盐、晒盐、挑盐，在茶场种茶、割稻、烧窑。那时的宗庆后与很多年轻人一样，"脑袋里有过各种各样的梦想"，"总想出人头地，总想做点儿事情"。然而，天总难遂人愿，宗庆后被命运之神遗忘在农村，一待就是足足15年。

宗庆后看到那些曾和自己一样意气风发、满腔抱负的年轻人，随着日子一天天过去，感觉人生无望了，渐渐意志消沉，不再坚持梦想，每天丢了魂一样地混日子。宗庆后看在眼里，告诫自己决不能如此，总会有回城的一天，只要坚持信念，梦想就一定有希望。但一味地苦等也不是办法，大好的时光、大好的年华不能虚度浪费，宗庆后便四处找书来看，只要是对自己有益的书，他来者不拒。同样待在农村15年，其他人早已忘了最初的梦想，成了甘心平庸的人，而宗庆后一直保持着上进心，炯炯有神的眼睛里闪烁着对未来的希望之光。

1978年，33岁的宗庆后终于回到了杭州，顶替母亲进入校办纸箱厂做推销员。大好的年纪，却只能做一份仅能糊口没有前途的工作，宗庆后的内心深处是无比地痛苦。一直到1987年，差不多10年的时间里，宗庆后先后在4个不同的企业里做销售。其间，他一直留心观察市场。改革开放的大潮中，很多新兴行业不断涌出，宗庆后要找到一个最好的突破口。

正是因为在灰暗的日子里依旧充满了对人生的希望，锻造了宗庆后永不放弃的信念。

用无味的汗水跑赢时间

时间到了1987年，宗庆后42岁了，他看好了一个行业，决定不再继续等了。

虽然宗庆后的存款仅有一万多元，创业资金还有很大的缺口，但是他决定了创业就不退缩，花了两个多月时间东挪西借了14万元。宗庆后承包了连年亏损的校办企业经销部，埋藏在心中多年的创业梦想终于实现了。

42岁的宗庆后，每天早早起床拉着"黄鱼车"奔走在杭州的街头，推销他的冰棍、汽水、冰棒及文具纸张。中午是一天中最忙碌的时候，直到晚上才能吃到一天的第二顿饭。一年时间，无论年节，宗庆后都不休息——他知道时间宝贵，自己没有浪费一分一秒的资本。

多年后的一天，有记者采访宗庆后，他跟记者说："创业初期的条件十分艰苦，白手起家。借来的14万元也不敢全部用完，只用了几万元，简单地粉刷了一下墙壁，买了几张办公桌椅就开张了。其实我挺怕热的，但那时候就是盼着天热，天气越热生意越好。那时候，每天穿梭大街小巷，虽然过得很辛苦，但我感觉心回到了20岁。"可以想象，那时候的宗庆后忙得满头大汗，赚的却只是蝇头小利。"我们代销冰棍、汽水，还有作业本、稿纸等，主要是为学生服务。一根冰棍4分钱，卖一根只赚几厘钱。"

付出就有回报，随着时间推移，宗庆后的"街头"名声越来越响亮了，业务范围也逐渐扩大，从纯零售扩展为批发，还接了一些代加工的活。风里来雨里去忙活了一年，算账时才发现，居然有了十几万元的纯利润！这在当时已经是天大的收入了，意味着过一段时间就能还上借款了，前景看起来非常好。但宗庆后却没有那么高兴，他认为仅仅做销售不行，必须要有自己的产品，那才是长久之计。

随后的奇迹发生在我们眼前，娃哈哈儿童营养液问世，杭州娃哈哈营养食品厂成立。"娃哈哈"这三个字逐渐成了国产品牌的一种象征。2012年，67岁的宗庆后成为中国首富，财富总额为630亿人民币。

宗庆后的创业史，概括来说，就是永不失希望的坚持，用汗水浇灌赢过时间，最终获得惊人的成绩，并成为激励亿万国人的榜样。

余下的时间再少也能办大事

多年前的一天，我带着狗出门遛弯，坐在长椅上休息时，一位老人坐到我身边。（说是老人，其实还不是很老，年纪大概六十五六岁。）

坐了一会儿，我们聊了一些话题，突然他问我："小伙子，你看我老吗？"

我连忙回答："不老啊！"

"是吗？"老人有些不太相信。

"当然！您身体健康，精神很好。您看，那边的那些打球的人，他们也是有好身体，有精神，和您一样啊！"

他看着那些打球的人，明显精神了好多，有些激动地说："我还有很多心愿没完成，以前总是下不了决心做，现在我想做，我不想留下遗憾，可发现我好像是老了。今天听你这样说，我知道我还没老，我要用剩下的时间完成心愿。"说完，他站起身走了。我发现他的脚步明显轻快了，腰板也挺得笔直。

我看着他离开的背影，有种时间倒流的感觉，将他带回了曾经的年轻时期。

几年后的一天，我收到了一张明信片，打开一看，竟然是他——那位六十多岁的梦想者寄来的，上面写着："谢谢你，我的朋友。是你给了我鼓励，几年过去了，我完成了自己的心愿，我很高兴。现在我要去实现更多的梦想，我才七十出头，还有时间，我不能浪费。等我实现了，再告诉你。再见！"

到今天，我知道他一定还在努力中，我能做的就是祝福他，并热切等待他的喜讯。

不可亵渎"今天"

其实，在遇到他之前，我一直都认为，人到了六十多岁就是老人了。我当时告诉他不老，纯属安慰他，没想到却激励了他。原来老与不老，不是年龄定义的，关键看内心。认为自己已经不再年轻，年轻亦是年老；认为自己依然年轻，年老亦是年轻。

作为一个想要成功的人，我们都要具有这样的心态：年纪不是阻碍我们追求的因素，心态才是阻碍我们前行的掣肘。

余下的时间即便所剩无几，只要我们依然为希望奋斗，就有机会让希望变成现实。如果我们轻易地对"今天"失望，或者把今天当作可有可无的一天，那便是对"今天"的一种亵渎。

75岁的壮士，梦想依旧

有人75岁还在创业，而且他的项目要6年才有收获。

他就是富有传奇色彩、曾经有"中国烟草大王"之称的褚时健。

褚时健一生两次开始干实业，都是在别人眼中看似不可能的年纪。第一次是1979年被任命为玉溪卷烟厂厂长，那一年他51岁。当时很多人以为，来了个年过半百的老头，恐怕就是来混时间等退休的。谁也没想到，褚时健将这次任命视作机遇，他决定大展身手大干一番。经过多年努力，玉溪卷烟厂成为全国首屈一指的大型企业，更名为红塔集团，"烟草大王"的名声享誉全国。1994年，褚时健被评为全国"十大改革风云人物"。

褚时健的事业发展到顶峰，但因为内心不平衡，他的辉煌人生之路偏离了航向。1999年1月9日，褚时健被判处无期徒刑、剥夺政治权利终身，这一年他已经71岁了。

垂垂暮年，人生由高峰坠入低谷，没人相信褚时健能挺住。但现实是怎样的呢？

2002年春节，因为严重的糖尿病，褚时健获批保外就医，回到家中居住养病，活动限制在老家一带。褚时健并没有安静地养病，也没有选择写书，他要重出江湖。当时一些人知道了褚时健的想法后，认为他会选择老本行，毕竟年纪这么大了，不可能投身新行业。但褚时健就是要做别人想不到的事情，他要种"褚橙"——种他家乡华宁县的传统作物。

当时好友任新明极力反对："你这么大岁数，就安享晚年吧。我来负责你生活，也吃不掉多少。"

"我闲不住。"褚时健说。

2003年，他向昔日朋友们筹了1000万元，包下了哀牢山上2400亩的政府农场。

多年后，褚时健对王石说："当时没敢大规模。搞规模要投资，我投不起。但我有个目标，就是我这个橙要搞到最好。"

这一年，褚时健75岁了，一位须发皆白且还是戴罪之身的老壮士踏上了新征途。

别说我老，我敢等6年

我们看一个这样的场景：

距离褚时健3000千米外的一位顾客剥开一只褚橙，从剥开到吃第一口，顿感不同。一般的橙，皮厚、较硬、难剥、辛辣香气、强烈酸甜。但手上的这只褚橙，皮薄、柔软、易剥、味甜微酸、质绵无渣。"这是什么橙？"吃者一边惊叹不已，一边一口一口全部吃光。从第一口的排斥，到最后一口的不舍，吃者的感觉犹如过山车。这不是他最喜欢的口味，却是他最难割舍的口味。更多的人也和这位吃者一样，对褚橙趋之若鹜。2014年，因为灾害天气褚橙严重减产，产量仅8000吨，竟然一个月内全部售罄，价格提高还供不应求。

其实，获得这样的口感，并不是褚时健家乡的橙子原本就有的，而是经过长时间的人工"驯化"。

起初，褚橙的味道不行，销量也不畅。全靠褚时健昔日的朋友、徒弟们帮衬，云南的各大烟厂就把哀牢山的橙子"消化"殆尽。

就像当年褚时健出山并非仅凭时机，现在他也不想全靠人脉，他要让褚橙真正征服人们的舌尖。于是，他又用上了烟厂的那套管理方法：重视技术，利益共享。事实证明，这在种橙子上同样奏效。

他对肥料、灌溉、修剪都有自己的要求，工人必须严格执行。种橙期间，遇到任何难题，他的第一反应就是看书，经常一个人翻书到凌晨三四点。他不上网，但是每天看报、听收音机。就算在山上，《新闻联播》也是他每天必看的。

前后一共6年时间，冰糖橙终于驯化成功。

2008年，褚时健被减刑至有期徒刑12年。3年后，刑满释放。

2012年11月，褚时健种植的褚橙通过电商开始售卖。几天之后，就因为超好的口感大规模打入北京市场。

褚时健的褚橙名满天下。他在百忙之中还于2014年底出版了个人传记——《褚时健：影响企业家的企业家》。

他的确影响了企业家，王石就被他的事情深深触动了。一次在和褚时健谈话时，王石问："你怎么评价自己的一生？"

"让别人去评价吧，我很难评价。但有一点，我在做事的时候，不怕自己吃亏，怕别人吃亏，这是我的优点。"褚时健回答。

所谓英雄本色，说的是男人失意落魄时，怎样找回尊严。对褚时健来说，他在曾经的辉煌中跌倒，但在跌倒后又一次创造神话，这就诠释了真正的英雄本色。

其实，我们不妨将这一切都归结为：这个老头儿，还是闲不住。

八十多岁的褚时健尚且闲不住，我们年轻一辈更应动起来，在人生剩余的或多或少的时间里，扎扎实实地做事，做大事。

192

不走寻常路，追回失去的时间

如何追回失去的时间？不同人有不同的理解和方法，但不可否认，多数人都选择勤奋，认为加倍地勤奋才可以弥补丢失时间内本该取得的成绩。成功者往往都离不开勤奋，他们生活自律，自控力极强，几十年如一日。勤奋是跑赢时间的常规方法，这种方法用于学术研究、体育竞技等方面有着很高的效率，若是用在灵活性和不确定性较大的商业领域，单凭一味地勤奋显然是不够的。当你勤勤恳恳领导员工工作时，有人在技术上进行了突破性创造，有人在资金方面得到了大量资源，有人通过新思维找到了全新的发展方向，有人通过冒险引领了时代的潮流……这些善于出奇创新的人，再配合上勤奋踏实的工作态度，才会跑在时间前面，领先时代。

这些出奇创新者，也是最不喜欢走寻常路的人，他们常能在他人忽略或不屑的领域找到新方法，出奇制胜。虽然这样做需要冒很大风险，但却是距离成功最短暂的路径。汽车大王亨利·福特说："一个好的新奇的想法，若将其成功执行，可让人少奋斗很多年。"因此说，不走寻常路、喜欢踏险路的人，也是最能抢时间的人，他们往往能事半功倍，为事业插上腾飞的翅膀。当然，走新路也要有目的性，不能只为了快而盲目行事，在这方面，我给大家提供一个榜样——吉田工业株式会社创始人吉田忠雄。

提起吉田工业株式会社，许多人或许并不知道，但如果我问大家，你们知道YKK——那个世界最出名的拉链品牌吗？很多人都会恍然大悟。吉田忠雄就是"YKK之父"，拉链行业的巨头。

无法实现的"一切要趁早"

吉田忠雄从小家境贫寒，为了改变家境，吉田忠雄的心里一直燃烧着奋起创业的火焰，他希望自己在20岁时便能开办企业，走向奋斗的"快车道"。

"一切要趁早"是吉田忠雄早期的座右铭，但连他中学都供不起的家庭，根本不可能给他任何实现想法的机会。吉田忠雄小小年纪就走进工厂埋头工作。

20岁时，吉田忠雄带着仅有的70日元来到日本的心脏——东京，目的还是为了他的创业理想。但是，创业并不是那么容易的，吉田忠雄只能选择先为别人打工。之后的几年，吉田忠雄在古谷商店里工作，他踏实进取，从最初的临时工做到了进货区负责人，正当他准备为公司进一步拓展市场时，日本受到了经济大萧条的影响，古谷商店在1933年倒闭了。

不走寻常路——借出来的小生意

在一个有雄心壮志的人眼中，每一天的时间都很宝贵，如果一天的努力没有为自己的理想添砖加瓦，那这一天就等同于虚度。寻常人可以接受时间流逝，有作为的人则决不能接受。可以想象，当吉田忠雄看着时间一天天流走，而自己还没有实现理想的机会，心中的苦楚肯定难以言表。

古谷商店破产这一年，吉田忠雄25岁，正是蓬勃向上的年纪，他认为自己有了实现理想的部分资本——阅历、人脉、时机，但缺少资金。怎么办呢？去借钱吗？显然不是好办法，他认识的人都比较穷。认真思考后，吉田忠雄想出了一个新奇的方法——"借拉链"。

他说服为古谷商店供货的供应商，将卖不出去的拉链作为投资借给他。当时很多人不明白，他要那么多拉链做什么，别人都卖不出去，难道他能卖出去？在当时，拉链属于消耗品，原因是质量都比较差，用的时间不长就坏掉了，人们也已经习惯了不定期更换新拉链。但吉田忠雄借来这些拉链的目的，却不是直接卖出去换钱。他将这些借来的拉链进行加固维修，然后将修好的拉链以高于市场20%的价格卖出。很快，吉田忠雄赚到了人生的第一桶金。

接着，吉田忠雄拿出自己的积蓄加上赚来的钱一共350日元，在东京的坭壳町成立了专门生产销售拉链的商会，取名"3S"，全体员工包括他只有3个人。

不走寻常路——凭质量杀出一条新路

商会开设了，吉田忠雄完成了梦想的第一步，接下来要如何走，他早在借拉链时就已经想好了。所有商家都不重视拉链质量，难道这样的现状就是正确的？吉田忠雄决心要做第一个吃螃蟹的人，他要全面改变拉链行业的现状。

吉田忠雄拼命要制作出一种高质量拉链，他的标准是能禁得住锤子的敲击，成本还要在可控的范围内。在新商品没有开发出的那段时间，商会仅靠维修拉链度日，经营十分困难，欠账越积越多，负债达到两千多日元，这比他的启动资金多出六倍多，已经到了风险的最边缘。但吉田忠雄没有放弃，经过夜以继日地勤奋研究，他的高质量"3S拉链"诞生了，一上市就因为过硬的质量受到消费者青睐，需求量稳步增长，名声也愈加响亮，商会经营也逐渐红火。经过不懈地努力，商会规模从3人扩展到50人，并在1937年成功实现产品出口。

可以想象，此时的吉田忠雄一定万丈雄心，准备大干一场。的确，他还有很多没有完成的理想，首先就是要建一座属于自己的加工工厂。"一切要趁早"的信念这时又发挥了作用，仅用几个月时间，吉田忠雄就在小松川建起了280平方米的工厂，更名为吉田工业所，公司进入了全新发展的阶段。

> TIPS
>
> 做第一个吃螃蟹的人，一定风险巨大，必然前途未卜，但收获也会丰厚。

然而，不幸的是，就在吉田工业所发展蒸蒸日上时，第二次世界大战爆发，海外生意全部停掉。这还不是最大的打击，1945年3月10日，美军空袭东京，苦心经营十余年的工厂被毁。工厂倒闭，吉田忠雄给每位员工发放完几百日元不等的遣散费后，一夜间沦为"孤家寡人"。

难道还要再次从头开始？所有的不甘涌上心头。

不走寻常路——联合起来打天下

吉田忠雄认为不晚。他每天在工厂的废墟中像探宝一样找出经过修理还可以使用的机器零部件，把它们整理好后打包送往故乡鱼津市黑部乡。

吉田忠雄知道时间不等人，他没有丝毫犹豫，为自己的再次崛起进行了一番非常规设想。首先，他将手中所有积蓄拿出来购买了鱼津铁工所，希望以最快的时间东山再起。然而命运再次愚弄了他。在交付了所有购买款后，鱼津铁工所的员工因为公司没有还清全部债务而举行了大规模的暴动，公司所有物品被搬运一空。随之而来的是日本投降的消息，刚刚买到手的工厂只能宣告破产。接踵而至的两个巨大打击，让吉田忠雄十几年的辛苦打拼所得损失殆尽。

让人想不到的是，吉田忠雄竟然会在如此窘迫的情况下，思考怎样在最短的时间内东山再起。

吉田忠雄的想法是，说服其他同行联合起来出巨资购买外国先进的拉链生产机器，然后用先进机器生产质量最好的拉链，最终完成出口，重现辉煌。今天看来，这是一个好办法，"造船不如买船"，既然有先进的，何必自己再挥汗如雨地研发呢！如果这个想法能实现，日本的拉链行业将在短时间内实现翻天覆地的巨变。可惜，当时没有人愿意同他共担风险，两年的时间在嘴巴博弈中过去了。吉田忠雄意识到，最有远见的人永远都是最孤单的，不应该再把时间浪费在这上了，要另寻他路。

不走寻常路——用命搏一次大的

吉田忠雄决定走一步超级险棋——贷款，用别人的钱帮自己赚钱。他动用了所有关系，将自己过去的名声和未来企业的利润作为抵押筹码，向兴业银行提出贷款1200万日元的想法。当时的日本，1200万日元绝对是巨资，但吉田忠雄相信自己的贷款请求能得到批准，因为日本想要快速恢复经济，需要有胆识有魄力的商人带动社会经济发展。果然，他成功了。1200万日元贷款到手后，吉田忠雄立即购买了一台德国产拉链自动制造机。

1948年，吉田工业株式会社正式成立，简称"YKK"。这一年，吉田忠雄40岁，他要从头开始完成20岁的梦想。

敏锐的眼光和果断的行动总能给人带来丰厚的回报，这台先进的机器以原先老式机器50倍生产能力的惊人速度制造出优质的拉链。看到这样的生产能力，吉田忠雄此后每年都拿出大部分利润交给日本精机株式会社大批量生产这种机器，直至一百台高效机器同时开工为止。到了1958年，50岁的吉田忠雄终于完成夙愿，年产YKK拉链长度绕地球一周。

后来，在吉田忠雄的回忆录中，他这样写道："我的一生完成了两次追赶时间的创业：1934年的创业，我用勤奋追回了5年时间；1948年的创业，我用搏命的方式追回了20年时间。我从来都希望快些成功，但命运偏偏让我比别人晚一步甚至很多步，但还好，我并没有觉得晚，最终我也并没有比别人晚。"

这是强者应有的信心，任何时候都不灰心丧气，人生没有为时已晚，只有恰逢其时，失去的时间可以追回。

当改变自己时，
一切都改变了

在改变命运的时候，第一，你会觉得
自己有最积极乐观的心态，你对自己
和现实可以承担责任；第二，你有充
足的智慧和行动力让事情转危为安；
第三，你会因为这种自足自立而获得
生命的尊严，会对自己充满信心。

不改变，你拿什么对抗霉运

前段时间我遇到一些让我纠结的事情，便去找心理医生朋友，希望同他聊一聊。我没有选择他休息的时候去，因为他的休息时间不多，很是宝贵，是在他难得的放松时间。绝少有人知道做心理医生平素要面对的负面的东西有多么沉重，但我知道。

刚一进门，我听到他的办公室内传来阵阵哭声，是一个男人在抽泣。外面等待的人纷纷抬头观望，虽然什么都看不到。朋友出来和我打招呼，我顺势询问情况。

"现在遇到这样问题的人真的很多，无疑他们在生活中遇到了麻烦，用他们的话说，'总是有不好的事情追逐自己，但却没有办法摆脱'，他们认为自己倒霉极了。但他们不知道，其实这世界上从来不存在倒霉，现在的一切源自过往的选择，现在做出改变就能决定将来的人生。"朋友说。

哦，我明白了，原来里边痛哭的人是在抱怨自己的命不好，总被倒霉纠缠，他不知道该怎样摆脱霉运。人的承受能力不会无限扩张，前方有希望时，承受力会呈几何倍数增加；若感觉前方没有希望，承受力会迅速坍缩。这个人因为霉运相缠，看不到前方的希望，承受不了巨大的压力，痛哭是正常的表现。要怎样给他启发呢？

"我准备一会儿给他讲讲我以前给你讲过的，那个发生在我们业内同行的亲身故事。相信能对他有所启发。"朋友说。

他给的忠告：为什么不先改变自己

朋友说的那个故事，我很早就听过，当时听完深受启发，可以说，影响了我之后的人生观。

下面我以第一人称向你转述那个故事——

1986年的11月，我获得了斯坦福大学计算机科学研究生硕士学位，带着对未来的畅想和软件开发的特长，开始寻找工作。因为我要给自己选择一个较高的起步平台，所以我的选择不会低。

我找到两份与我条件相符的工作，并参加了这两家公司的面试。其中一家在当时的知名度较小，主要业务是关联式数据库，在几个月前刚刚上市，有几百名员工。那家公司的名字叫甲骨文，他们开发的数据库是Oracle，但我对它一无所知。

那时甲骨文的总部位于贝尔蒙特戴维斯大街一栋普通的白色大楼里面。经过几轮面试之后，招聘经理告诉我，每一位新来的工程师都要见一下CEO。

我被领进拉里·埃里森的办公室。他坐在桌子前面，透过一扇大窗户可以俯瞰湾区。他很随和，接下来15分钟，我们谈论了许多话题，诸如我从学校里学到了什么；我想要做什么；在已经谈论过的岗位中，有哪一个最令我感兴趣，等等。最后他站了起来，谈话就此结束。

我当时并不知道埃里森会成为史上最著名的CEO之一，也从来没有想过甲骨文的股票会比公司首次公开募股时的价格上涨接近90000%。当时埃里森42岁，刚刚创业没几年，他的资产净值根本不值一提。

三天后，我收到了甲骨文的工作邀请。但那时我认为我是有选择权的，事实也的确如此，我的学历和能力决定了我可以挑选令我满意的公司。

最终，我选择了另外一家上市公司——太阳微系统公司。这家公司与甲骨文给我的感觉截然不同，公司主力全部是工程师，许多人都拥有博士学位，这种特别注重技术开发的模式，我认为更适合我。

没过几年，埃里森将甲骨文推向新领域——硬件产业。而太阳微系统公司那时已经丧失了自主创新的能力，最后的命运是被甲骨文并购。我在太阳微系统公司的几年，业务没有任何精进，甲骨文没有接收我们其中的任何一员，虽然当年的招聘经理认出了我。当我准备继续求职，发现自己在这个行业落伍了，根本没有人要聘用我。

再次见到拉里·埃里森是1999年，在加州大学伯克利分校举办的一次演讲会场。当时我已经离开计算机工程领域，成为一名记者，但是干得不是那么开心。我有幸采访了他。采访结束，我问了个私人问题："你是否还记得我——一个不怎么走运的人？"

他对我说："我记得你，曾经不屑理会我的那位精英。我知道你的心里会觉得不公平，一次不正确的选择，让你的人生彻底翻转。但我告诉你，你应该做的不是埋怨霉运，而是要做出改变。想想自己为什么失败？有哪些方面可以改变？然后你会发现很多的地方。如果过些年我们能再见面，希望那时候你不要再以霉运当作借口。"

这是埃里森给我的建议，他的话启发了我。我只是选错了公司，行业并没有错；公司不前进，我自己也没有精进；公司被收购了，为什么我自己也放弃了；做了一个自己完全不喜欢的行业，也不逃离，到底为了什么……现在的一切都是怎么造成的，和霉运没有什么关系，是我自己的原因。

那时候，我突然意识到，必须要做出改变，重新审视自己，重新选择行业，重新开始努力，重新塑造自己的生活。于是，我全面反省了一下自我，选择去做一名心理医生。经过一路努力，终于取得了今天的成绩。

故事中的主人公虽然错过了一个千载难逢的机会，但后来及时做出了改变，又给自己创造了一个全新的机会。这就是改变的力量。改变不仅仅能矫正我们的想法和做法，还能矫正我们的人生方向。

从改变自己开始

在威斯敏思特教堂地下室里，英国圣公会主教的墓碑上写着四段话：

> 当我年轻自由的时候，我的想象力没有任何局限，我梦想改变这个世界。
>
> 当我渐渐成熟明智的时候，我发现，这个世界是不可能改变的，于是我将眼光缩短一些，那就只改变我的国家吧！但我的国家似乎也是我无法改变的。
>
> 当我到了迟暮之年，抱着最后一丝努力的希望，我决定只改变我的家庭、我亲近的人。但是，唉！他们根本不接受改变。
>
> 现在，在我临终之际，我才突然意识到：如果当初先从改变自己开始，我也许就能改变我的家庭；然后，在家人的激励和帮助下，我也许就能改变我的国家；再接下来，谁又知道呢，也许我连整个世界都可以改变。

TIPS

改变自己是一切改变的基础。

这位英国圣公会主教用了一生的时间明白了一件事，他写了出来，警告后来人不要重蹈覆辙。

据说，许多世界政要和名人看到这块碑文时都感慨不已。有人说这是一篇人生的教义，有人说这是灵魂的一种自省。

年轻的曼德拉看到这篇碑文时，顿有醍醐灌顶之感，他说自己从中找到了改变南非甚至整个世界的金钥匙。回到南非后，这个志向远大，原本赞同以暴制暴、用血辗平种族歧视鸿沟的黑人青年，一下子改变了自己的思想和处世风格。他从改变自己开始，进而改变自己的家庭和亲朋好友，历经几十年，终于改变了他的国家。

要想撬起世界，它的最佳支点不是地球，不是一个国家、一个民族，也不是其他任何人，只能是我们自己，更准确地说是我们的心灵。要想改变世界，你必须从改变你自己开始；要想撬起世界，你必须把支点选在自己的心灵上。

只要朝着阳光，便不会看见阴影

行文到这里，我想为这一节拟个温暖的标题，但历时整整一天也没有做到。为什么我一定要强调温暖呢？

前些天与一位朋友交谈，他也谈起这个问题："为什么那些希望改变自己的人基本都选择自我折磨的方式呢？其实改变无须'血腥'，脱离过去也并不一定要从身体痛苦开始，而是要从改变心态开始。"

话不多，启发却很大。任何改变都要从心开始，心若坚强，人就会由脆弱变为坚韧；心若柔和，人就会由尖刻变为和蔼；心若热情，人就会由孤愤变得阳光……所以，心先改变，性格随之才能改变，行为才能改变。

我突然想到了《假如给我三天光明》的作者海伦·凯勒，一个完全生活在黑暗里的人，却用最热情的心态活着，用最阳光的口吻与我们交谈。她凭的是什么？是她的心，那颗永远面朝阳光的心，在她的心里，我们看不到一点儿阴霾。

于是，我将这一节的标题拟为海伦·凯勒的一句名言："只要朝着阳光，便不会看见阴影。"

可怕的"日食心态"

同样的事物，不同的心看到的景色全然不同。阳光的心态，看进眼中的也是阳光；灰暗的心态，看入眼中的也是灰暗。

这种看似简单的乐观与悲观的对比，也称作"日食心态"。与日食分为日偏食、日全食、日环食、全环食等多种现象类似，"日食心态"也分不同程度，有人偏重，有人稍轻。

"日食心态"不会自行消失，若不主动改变，将永远存在。随着"日食心态"对内心的逐渐侵蚀，将产生"日食心态效应"，让人心生悲观。当人的内心被悲观完全占据后，必然彻底崩溃。

可见，让自己远离可怕的"日食心态"有多重要，只有将挡住阳光的内心阴暗面驱除，阳光才会出现在眼前。

改变要温和，不要"血腥"

月亮挡住了我们的光明，一片黑暗，我们恨死了月亮，但再怎么愤怒，我们也不可能将那颗看起来阴暗的月亮消灭，同样，改变心态也不需要对自己"大动干戈"，只须从一个观念开始，从一种心境切入，将被阴影覆盖的心引向阳光。

如何改变心态？

改变一，放下过去。不要让大脑成为一个放映机，过去无论灿烂还是不堪，都已经过去了，只是回忆，不能成为负累。

改变二，换个角度。任何事情都有阳光与阴暗的两面，为心灵收集尽可能多的阳光，心就会温暖起来。

改变三，学会包容。每个人都有让人讨厌的时刻，每个人都有让人欣赏的时刻，养成欣赏别人的习惯就会幸福。

改变四，懂得取舍。想要得到所有，这种想法既让人疲惫不堪又不可能做到。既然知道不可能，又何必纠结于此呢？

改变五，脚踏实地。空中楼阁绚烂但不存在，金字塔光辉且长久屹立，这就是空与实的区别。

上述五点，不需要削骨刮肉，却能让人脱胎换骨。只要真正想改变，肯定见效。

挺起胸膛，人生会有新的高度

亨利·福特说："挺起胸膛的人，一定是自信的人，他们比其他

人更具高度，拥有改变一切的力量。"福特的话告诉我们，挺起胸膛，提升自信心，心胸会开阔，眼界会扩展，不会在低处徘徊，而是从高处俯瞰。

欲戴其冠，必承其重，昂首的人生是最美丽的，或许有一些不期而至的压力，但是最终没有谁能阻止成功的到来。

拾起你的尊严

八十多年前，年轻的比尔·撒丁从挪威来到法国，他要报考巴黎音乐学院，这是非常著名的音乐学府。尽管考试时他竭尽全力发挥自

212

己的最佳水准，但还是没被巴黎音乐学院录取。

撒丁已经身无分文，非常失落，为了能活下去，他在学院外的一棵榕树下拉起了手中的琴。他勒紧裤带，忍着饥饿，拉了一曲又一曲，吸引了很多人驻足聆听，大家纷纷给予同情，掏钱放入琴盒。

就在此时，一个无赖走过来，眼神很不屑，鄙夷地将钱扔在撒丁的脚下。撒丁看了看无赖，弯下腰拾起地上的钱递给他，说："先生，您的钱掉在地上了。"

无赖接过钱，重新将钱扔在撒丁的脚下，傲慢地说："这钱已经是你的了，你必须收下！"

撒丁深深地给无赖鞠了个躬，说："先生，谢谢您的资助！刚才您的钱掉在地上，我已经弯腰为您捡起来了。现在我的钱掉在地上，麻烦您也为我捡起来好吗？"

无赖被撒丁的气度和智慧震慑了，心虚地捡起地上的钱放入琴盒，灰溜溜地走了。

围观者中有双眼睛一直在默默关注着撒丁，他就是淘汰撒丁的主考官，见此情景，他立即决定给这个年轻人继续求学的机会。

比尔·撒丁后来成为挪威著名的音乐家，他的代表作就是他人生的反映——《挺起你的胸膛》。

放大你的优点

一个穷困潦倒的青年每天都过得愁眉苦脸。后来，他只身来到巴黎，找到父亲的朋友，希望对方能帮自己找一份谋生的差事。

"数学方面怎么样？"父亲的朋友问他。

青年摇摇头。

"历史、地理呢？"

青年羞涩地继续摇了摇头。

"那法律呢？"

青年不好意思地再次摇头。

"音乐、绘画等艺术方面擅不擅长？"

青年垂下了头。

"会计会不会？"

父亲的朋友接连地发问，青年都只能摇头作答，他认为自己一无所长，只好无奈地说："对不起，我没有优点，什么都不会。"

父亲的朋友说："这样吧，你先把住址写下来，我总得帮你找一份事做。"

青年羞愧地写下了自己的住址，急忙转身要走，却被父亲的朋友一把拉住。只见对方微笑着对他说："年轻人，你的名字写得很漂亮嘛！这就是你的优点啊！你不该只满足找一份糊口的工作。"

"把名字写好，也算得上是一个优点吗？"青年惊讶地问。

父亲的朋友说："当然，你能把自己的名字写得好，就能把字都写得漂亮，能把字写得漂亮，没准文章也写得精彩。"

这个青年受到鼓励，不仅加倍地练习写字，而且真的开始尝试写作，最后果然写出了享誉世界的经典作品，他就是法国著名作家大仲马。

像"能把名字写好"这类小优点，相信我们每个人都不缺乏，然而由于种种原因，我们大多数人忽视了这样的优点，不知道优点放大后便是优势，甚至能决定我们所取得的成就。其实优点就像我们人生的金矿，只要自己肯挖掘，最终必会创造出大的成就。

心不放弃，便是自由

《肖申克的救赎》是一部超级伟大的电影。得到救赎的不光是电影里面的主人公，相信每一个看过这部电影的人的心灵都得到某种程度的升华。

故事发生在1927年，年轻的黑人艾利斯·波德·瑞德因谋杀罪被判终身监禁。时间一天天过去，入狱20年的瑞德成了肖申克监狱的"权威人物"，只要有人付得起钱，他几乎有办法搞到任何对方想要的东西：香烟、糖果、酒，甚至是大麻。但毕竟监狱里的生活很无聊，他们最开心的事情是有新囚犯到来，大家借此打赌，看哪位"新人"会在第一个夜晚哭泣。

时间到了1947年，又一批"新人"来到肖申克监狱。瑞德选中了一位书生气十足、看起来禁不起风雨的大个子下注。新人在肖申克监狱是要经受"洗礼"的，过程是：脱光衣服，被大水龙头前后猛冲，然后全身撒一种白色粉末，再发放囚服。白色粉末会让人整晚都在瘙痒中度过，再加上孤独和恐惧，大多数新人在监狱的第一晚都扛不住，哭是发泄的唯一方式。但这个大个子在第一个晚上没有发出一点儿声音，瑞德因此输掉了两包烟，但同时他也对大个子刮目相看。

大个子名叫安迪·杜佛兰，30岁出头，是一位年轻的银行家，被指控枪杀了妻子及其情人，被判处终身监禁，正常情况下安迪要在监狱里度过余生了。但现实更残忍的是，安迪是被冤枉的，他虽然在那晚有杀死妻子出气的想法，但并没有施行，最后把枪扔掉了。但第二天妻子和她的情人却被枪杀了，凶手用的自然是安迪的枪。所有的证据都对安迪不利，他无法辩驳，被迫接受判决。

谁会在遭受如此不公时还能平静对待呢？影片的主人公安迪就做到了平静对待。他知道一切反抗在此时都已没有意义，首先要让自己在监狱里生存下来，而不是像那位胖老兄，在来的第一天晚上就因为大呼小叫被狱警打死了。

安迪的坚强让人难以想象，在令人绝望的环境里，他依然抱有希望，为自己的未来思考。他的想法其实很简单：我的身体被关进了肖申克之内，但我的心却留在了肖申克之外，只要心不放弃，在哪都是自由的。

> 希望是件美丽的东西，也许是最好的东西。美好的东西是永远不会死的。

伟大征程迈出了三步

入狱之初的一段时间，安迪不和任何人接触，在别人不断抱怨的时候，他在观察，看看哪个人是这座监狱里值得结交的，不光要能给自己帮助，还能给予自己心灵的安慰。

一个多月后，安迪请瑞德帮忙弄一把小的鹤嘴锄，瑞德心生狐疑，试探问他是想挖洞逃狱吗？还说，这恐怕要挖上600年。安迪的解释是想雕刻一些小东西以消磨时光，并说他有办法逃过狱方的例行检查。几天后，安迪得到了鹤嘴锄。之后，安迪又请瑞德搞了一张影星丽塔·海华丝的巨幅海报贴在牢房的墙上。

看过影片后，我们知道，安迪弄鹤嘴锄和海报就是为了越狱。他发现监狱的墙体是由一种并不坚固的矿物质构成，小小鹤嘴锄就能挖动，也不需要600年，海报正好遮掩住挖开的洞口。

这是安迪逃离肖申克监狱迈出的第一步。

无论如何，鹤嘴锄挖墙越狱都是一件艰难的事情，绝非短时间能完成的，在这段漫长的时间里如何度过不是轻松的事。肖申克的狱警犹如魔鬼，虐待囚犯是家常便饭，打死囚犯也时常发生。而监狱内的犯人也是虎狼成性，找任何机会都会欺压他们眼中的弱者。要来的终究会来的，有几个囚犯对安迪进行残酷的侵压。长达两年时间，他犹如生活在地狱中。

面对如此境遇，安迪没有丧气，而是极力寻找机会改善自己的处境。功夫不负有心人，机会终于来了。监狱安排安迪等十几名犯人维修房屋，无意间他听到了狱警队长海利说到关于上税的事。本来海利得到一小笔遗产，可此人四肢发达头脑简单，不知道如何处理这笔钱，他按照自己的算法，不仅钱揣不进怀里，还可能倒贴。就在海利愤怒不已时，安迪及时接话，说他有办法帮助海利合法免去税金，拿到遗产。但作为交换，他为十几名犯人朋友每人争取到了两瓶啤酒。果然，安迪略施手段，就得到了啤酒奖励。瑞德也喝到了啤酒，他说他又一次感受到了自由的感觉。（其实自由一直都在，只是瑞德关闭了自己的心，无法感受到。）

这件事成了安迪逃离肖申克监狱迈出的第二步。

安迪有本事避税的消息传出后，越来越多的狱警找他处理税务问题，甚至孩子升学的问题也来向他请教，他都处理得很好。由此，安迪彻底摆脱了狱中繁重的体力劳动和其他变态囚犯的骚扰。

监狱长诺顿品行不端，监狱有如此人才，他岂能放过。他让安迪为自己做黑账，洗黑钱，将他用监狱的廉价劳动力赚来的黑钱一笔笔转出去洗白。安迪捏造出一个虚拟人物斯蒂文，并为斯蒂文配齐了驾驶证、邮局证明等一切证件，俨然斯蒂文已经是一个在世的活人了。

这些黑钱一笔笔都存在了斯蒂文名下。从此，安迪获得了诺顿的信赖，监狱生活开启了"春天模式"。

由此，安迪为自己日后越狱迈出了坚实的第三步。

自由源自对自己的信任

监狱生活虽然步步危机，但依然没有改变安迪寻求自由的心。他向监狱长诺顿提建议，要求扩建监狱图书馆。此后，他每周一封信、两封信寄给州长，几年的坚持不懈，州长终于"妥协"，特批一笔费用帮助肖申克监狱扩建了图书馆。他每天帮助囚犯养成阅读习惯，又教一些囚犯课程，还鼓励瑞德重拾音乐梦想——吹口琴。整个监狱的风气焕然一新，每个人都从抱怨连连、消极悲观变得内心充实、阳光乐观。

时间不知不觉过了十几年，安迪每一天晚上都不停歇，坚持用那柄鹤嘴锄挖掘逃生通道。这种坚韧源自他内心从未熄灭的希望之火，还有他一直追求的自由。

年轻犯人汤米·威廉斯被关押进肖申克监狱，打破了安迪看似平静的生活。原来汤米几年前在另一所监狱服刑时，听过同监室的一位犯人说过曾经在某地亲手枪杀过一男一女，这一男一女就是安迪的老婆和其情夫。得知真相的安迪立即向诺顿提出重新审理案件的请求——他还是更希望以合法的身份走出肖申克。但奸诈多端、贪得无厌的诺顿害怕自己的肮脏事曝光，断然拒绝了，还将安迪关进禁闭室两个月，并设计杀害了汤米。

面对残酷的现实，安迪依然拒绝消沉。有一天，他对瑞德说："如果有一天，你可以获得假释，一定要到我第一次和妻子约会的地方，把那里一棵大橡树下的一个盒子挖出来。到时你就知道是什么了。"当天夜里，风雨交加，雷声大作，已得到灵魂救赎的安迪越狱成功。

出狱后，安迪以自己虚拟出来的斯蒂文的名义领走了诺顿存的黑钱，并告发了诺顿贪污洗黑钱的真相，诺顿被迫自杀，狱警队长海利被捕判罪。

经过39年的监狱生涯，瑞德终于获得假释，他在与安迪约定的橡树下找到了铁盒，里边有安迪的手书和一些现金。两个老朋友终于在墨西哥阳光明媚的海滨重逢了，他们要完成在监狱里的"幻想"。年近五旬的安迪潇洒地站在海边，一脸惬意，虽然不幸的遭遇剥夺了他19年的光阴，但他从未觉得自己真正失去了自由，因为在他的心里，从未放弃过希望。

　　安迪·杜佛兰没有惊天动地的业绩，本人也不是呼风唤雨的大人物，但他的经历却深深打动了每一个电影观众。19年的牢狱生涯竟然没有磨灭他对生活的希望，他坚持自己的梦想，先越狱，然后再继续美好人生。在监狱里的19年，安迪从没有抱怨过，即便处境再艰难，他都没有放弃，他坚信那份属于自己的自由一定在未来等候。

与"伟大小说家"说再见

每个人都有自己的梦想，但有些梦想不着边际，穷尽一生也无法实现。当我们明白这一点时，就应该主动求变，寻找新的梦想、新的方向。

我的放弃不是错

比尔·奈伊出生在一个毫无书香气的家庭，然而他却偏偏喜欢文学。在学校读书时，他取得了文学学士学位，他尤其喜欢海明威的作品，一度手不释卷。

大学毕业后，奈伊面对人生岔路，他要工作养活自己，才能继续文学梦。奈伊想当一名记者，但因为没有必需的证书而无法达成。找了几份工作后，他离开英国来到巴黎，找了一份送报纸的工作，这

223

与他的人生设想相距太远。奈伊决心要实现夙愿，写一部"伟大的小说"，成为伟大的作家。但他的这部"巨著"仅仅完成了题目就被搁置了，因为他发现自己并不知道要写什么，这些年仅仅是有写作的想法，从来没想过写什么，更没有积累素材。

这样的现实让奈伊惊呆了，自己一心向往的梦想，竟然距离自己这么远，完全抓不住。奈伊看看自己都32岁了，不仅一无所有，连梦都快碎了，心底自然有无限痛楚。痛定思痛，奈伊决定放弃当作家的梦想。

后来，一位亲戚目睹了奈伊的落魄，建议他去做演员试试，相对于其他行业，演员对人的要求并不高，跑跑龙套就可以养活自己。奈伊听从了建议，去了Guildford表演学校学习舞蹈和戏剧。

1981年，奈伊首次涉足电影，虽然其后数年他演的都是不入流的小角色，但他却感觉很快乐，每天都高兴地奔波在片场。这时他终于慢慢发现，原来当演员才应该是他的梦想，虽然这个梦想距离实现还很遥远，但他已经开始享受其中的幸福感了。

正所谓"快乐的生活往往蕴藏着金矿"，奈伊喜欢表演，执着于表演，他的表演自然能够贴近人性，被观众接受。慢慢地，圈内人也注意到这个表演丝丝入扣的演员，他得到了机会，2003年成为英国喜剧《真爱至上》中的主演之一，2006年又在《加勒比海盗2》中饰演大反派戴维·琼斯。2007年，奈伊凭借《吉迪昂的女儿》获第64届金球奖最佳电视电影男演员奖。至此，奈伊的演艺生涯开启了新篇章。

与"伟大小说家"说再见是奈伊做出的最正确的决定，如果他不做这个决定，我们今天就不会看到一位好演员。奈伊改变梦想时32岁，这是一个一般人不会轻易改变梦想的年纪，因为人们总觉得没有那么多时间再重头选择了。

其实，只有不想开始，没有不能开始。只要开始，任何时间都不晚，任何时候的放弃和再选择都弥足珍贵。

我的坚持不是错

多丽丝·莱辛是英国女作家，被誉为是继弗吉尼亚·伍尔芙之后最伟大的女性作家。2007年10月11日，瑞典皇家科学院诺贝尔奖委员会宣布将2007年诺贝尔文学奖授予这位英国女作家，她也是迄今为止获奖时最年长的诺贝尔奖女性得主，那年她88岁。

1919年莱辛出生于伊朗，父母是英国人。5岁时，父亲带全家移居到南罗德西亚（现津巴布韦）。一度向往的农场生活对于莱辛的父亲来说绝非天堂，不过却是莱辛

TIPS

梦想有时候可以坚持，有时候必须放弃！

225

的乐园。16岁时，莱辛离开学校开始工作，先后当过电话接线员、保姆、速记员等。

莱辛青年时期积极投身反对殖民主义的左翼政治运动。曾在1939年和1945年两次结婚，共有3个孩子，但两段婚姻都只维持了4年。婚姻的不幸福和在非洲的艰苦生活，让莱辛的内心很苦闷，看书成了她的心灵寄托，查尔斯·狄更斯、约瑟夫·吉卜林、司汤达、列夫·托尔斯泰、费奥多尔·陀思妥耶夫斯基等大作家就成了莱辛的精神伴侣。

1949年，二度离婚的莱辛携幼子移居英国，此时的她一贫如洗。租下一幢小房子，莱辛数着所剩不多的钱，很是愁苦。已经30岁了，没钱也没时间去学习技能，只能利用工作的业余时间做点儿有前景的副业，既能改善生活，又能为自己的前途搏一搏。思来想去，莱辛决定创作小说。她一边工作抚养儿子，一边写处女作《野草在歌唱》，半年后截稿，第二年就出版发表，一举成名。随后莱辛的创作之路更加广阔，精品五部曲：《暴力的孩子们》《良缘》《风暴的余波》《被陆地围住的》及《四门之城》相继出版。而代表作《金色笔记》在1962年完成，奠定了她在西方文坛的地位。

生活中，有很多人原本有着美好的梦想，但在生活的琐碎中渐渐地弄丢了梦想。他们认为自己不应再有梦想，因为生活不允许、年龄不允许、环境不允许。其实，该不该有梦想不是外界决定的，关键看人的内心。不论现状如何，只要人想要完成梦想，外界任何阻碍都是虚设。

心态大修之后，他由衰神变财神

好心态有一种强大的牵引力，将任何事情都引向美好的方向，可以说具备了自行化解霉运的能量。而坏心态也有一种强大的牵引力，将任何事情都引向阴暗的方向，仿佛自带吸引霉运的属性。这就印证了一句话："你怎样，你的世界就怎样！"

因此，想要有充满阳光的世界，我们首先要让内心阳光起来。

心态糟糕，"衰神"附体

如今提起拉里·埃里森，很多人都知道他是一位世界级巨富，资产几百亿美元，具有搅动世界经济风向的能力。但就是这位超级富豪也曾经"衰神"附体，一无所有，过得极为不堪。

拉里·埃里森，美国犹太人，俄罗斯移民，1944年出生在纽约曼哈顿，是19岁未婚妈妈的私生子，家境非常贫困。

从出身看，埃里森确实够衰，既没有名分，又没有生活保障，处于美国社会的最底层，是距离成功最遥远的那一层。

因为母亲没有抚养能力，只能带着小埃里森到芝加哥的舅舅家。舅舅虽然不处于最底层，但生活条件也不富裕，家里多了两口人，日子过得也紧巴巴的。这样自然引起了舅舅家人的反感，埃里森母子的日子很不好过。

从成长经历看，埃里森还是衰，生活拮据，寄人篱下，看人脸色，也依然没有脱离社会底层。那时的美国贫富差距巨大，给很多穷人绝望的感觉。

因为生活条件不好，埃里森胆小孤僻、独来独往，在学校埃里森受学生排挤，学习成绩一般，没有特别才能。

1962年，埃里森高中毕业进入伊利诺伊州大学就读，但因为平均成绩达不到及格线，又没钱交学费，在二年级时就无奈离开了学校。

次年夏天，埃里森又进入芝加哥大学，同时还在美国西北大学学习，虽然坚持了3年，但还是没能得到大学文凭。

从求学看，埃里森依然衰，很差的家庭环境导致埃里森性格孤僻，学习能力严重下降，成了一个不受欢迎的多余人。

从1966年开始，埃里森开始了工作生涯。先到了加州的柏克莱，自学电脑编程，后应聘到IBM，工作是开发应用程序。那时的软件流程只是挂上磁带、备份数据，单调且没有挑战性。埃里森认为自己能赚到生活费就可以了，并不想投身高科技。

在那里，埃里森认识了主修中国历史的艾达·奎因，他们很快结婚。埃里森也想尽到做丈夫的责任，他以自己赚钱不够花为由，开始频繁换工作，想多赚些钱。但他的能力不够，心性也不稳定，哪家公司也待不长。七八年竟然跳槽十几次，搞得自己在业内成了小有名气的"跳槽专家"了。

频繁地换工作，让本就对生活没什么希望的埃里森更加怠惰，他觉得所有人都不喜欢他，这个世界已经没有了他的位置。当这种悲观无望的心态占据主动后，埃里森开启了自暴自弃的生活模式，最重要的表现就是挥霍。凭他和妻子一个月一千多美元的收入，竟然借钱买了一条34英尺的帆船，还分期付款买了另一条小帆船。此外，埃里森还特别注重修饰外表，每个月花费在服装和发型上的钱比生活费都多，钱不够花就向银行申请信用卡，而面对每个月的催款账单，他却从不操心，都让妻子想办法。看到埃里森如此不堪的状态，奎因忍无可忍，他们在1974年离婚了。

从工作和婚姻的状况看，埃里森真是衰到家了。但我们能清楚地看到，大学之前的衰运或许不是他能掌控的，大学之后的衰运却是他一手造成的。他自卑、悲观、抱怨、怕吃苦、自甘堕落、不求上进、不懂珍惜、肆意挥霍人生，一切与不成功有关的毛病他几乎都染上了。

心态大修，"财神"降临

那一年，埃里森30岁。30岁本是一个积极进取、发挥才华的年龄，但处于这个年龄的埃里森却愕然发现自己一无所有。他震惊了，不明白何以至此。

想了很多，他终于明白自己的生活其实没有多么糟糕，一些很细微的不好的因素却在自己不断地抱怨中无限放大了，最终导致生活越来越差，心态越发糟糕，形成恶性循环，以致每况愈下。

当埃里森意识到坏心态是罪魁祸首后，决定与过去的自己决裂，开始脱胎换骨。

埃里森进入硅谷一家生产影像设备的公司。他开始积极进取，努力工作。经过几个月的坚持，埃里森发现原来工作有这么多的乐趣，生活有如此多的希望，心底逐渐升腾起成功的欲望。他结识了两名日后帮助他取得成功的关键人物，两名老资格员工——鲍勃·迈尔和爱德华·奥茨。

经过一年多的努力工作，埃里森犹如换了一个人，每天充满信心，充满激情，由此决定开始创业。1977年6月，埃里森同迈尔和奥茨三人共同出资2000美元，成立甲骨文软件开发公司，埃里森拥有60%股份。这一年，他33岁，终于一扫往日阴霾，开启了全新的人生。

公司成立后，埃里森的压力很大，因为对手是行业巨人IBM。此时的埃里森早已不是当年没有担当的退缩者了，他像上了发条一样寻找一切打败IBM的机会让自己成为传奇。

一天，埃里森看到了一篇IBM研究员泰德·科德发表的论文——《R系统：数据库关系理论》，介绍了关系数据库理论和查询语言SQL，这是第一次有人用全面一致的方案管理数据信息，埃里森被其内容震惊，并且敏锐地意识到在这个研究基础上可以开发商用软件系统。

这是科德研究了10年的成果，却不受IBM重视。因为那时人们认为关系数据库不会有商业价值，因为速度太慢，不可能满足处理大规模数据或者为大量用户存取数据。埃里森却认为这是他们的机会，他决定开发通用商用数据库系统，称为Oracle。

Oracle上市后迅速显示价值，开始占领市场的掠夺战，将IBM的层次数据库产品IMS几乎挤出局。直到1985年，后知后觉的IBM才发布了关系数据库DB2，但这时的数据库存储已经成了Oracle的天下。

甲骨文公司成功了，埃里森也成功了，他已经是名副其实的超级富翁，而这一切都是他及时调整心态的结果。

埃里森的经历很神奇吗？其实不是，他的成功给人的震撼就是人生巨大的飞跃。虽然这个飞跃貌似在很短的时间内完成，但也让埃里森浪费了十几年宝贵的青春。不过幸运的是，否极泰来，埃里森在四面楚歌之时找到了自己事事不如意的真正原因，用最快的时间端正了心态，从而扭转了自己的人生。

生活中，很多人也认为自己的现状很糟糕，没有继续奋斗的可能。埃里森的故事告诉我们，就算我们曾经真的很衰，只要矫正心态，"衰神"也可变"财神"。

你变了，幸福就会来敲门

有时候幸福仿佛离我们非常遥远，但是，只要我们不放弃，不向艰辛的生存环境屈服，终会有一天，幸福会来敲门。

幸福给你的机会

电影《当幸福来敲门》就是一个与幸福相遇的故事。威尔·史密斯饰演的男主角叫克里斯·加德纳，一个生活在旧金山的黑人青年，靠做推销员养活妻儿。加德纳从没觉得日子过得幸福，但也不觉得很痛苦，如同美国千千万普通人一样过着平淡的生活。直到有一天，一系列突如其来的变故打破了他平静的生活。

首先，他丢了工作。这仅仅是开始，一连串重大打击接踵而至：因为丢了工作，生活陷入困顿，妻子因忍受不了贫困生活愤而出走，

234

连年幼的儿子也一同带走。没过多久，妻子又把儿子还给了加德纳。从此，加德纳不仅要面对失业的困境，还要独立抚养儿子。没过多久，他因长期欠交房租被房东赶出门，带着儿子流落街头。在接下去的两三年中，这对父子的住所从公园长椅到纸皮箱再到公共卫生间，还有救济中心的肮脏床铺。但加德纳始终坚强面对困境，努力打散工赚钱，还努力培养孩子乐观面对困境的精神。

一次，加德纳正在停车时发现一辆红色法拉利正在寻找停车位。他主动朝车主挥了挥手说："我把我的车位给你，但我想问你两个问题：你做什么工作？你是如何成功的？"

法拉利车主说自己是一个股票经纪人。加德纳又问该工作的收入如何。对方说每月可以赚8万美元。加德纳很惊讶，他曾经所在的公司顶级推销员的收入是每年8万美元，"这个经纪人却每月就挣8万美元！"加德纳不无感慨地说。

加德纳决定做一名出色的股票经纪人，要和儿子一起过上好日子。可是，他想找一份股票经纪人的职位时，却一再地吃到闭门羹。当时，股票经纪人的学历大都是工商管理硕士，而他连大学的门都没进过。一连10个月，加德纳都毫无所获，就在他快要绝望时，终于有机会在华尔街一家股票公司当上

困难的旁边就是出路，就是机遇，就是希望。

235

学徒。头脑灵活又勤于学习的加德纳很快掌握了股票市场的知识，成为正式的股票经纪人。

很快，加德纳和儿子不再流浪，有了属于他们自己的家。随后，加德纳还在芝加哥开办了自己的股票经纪公司，成为开着拉风法拉利的百万富翁。

一路走来，加德纳经历了太多挫折，但他从来都没有放弃，最终等到了幸福来敲门。

克里斯·加德纳不是电影虚构的人物，而是有真实的生活原型。现实中的加德纳经历了比影片中提到的更多的艰辛，才获得了成功。

加德纳并不认为自己的故事是一个潦倒者变成富人的童话，他说："我的故事是如何使自己战胜困难走向成功的经历，我的生活可以很容易地因为家庭分离和无家可归而消沉，但我选择了不让这些困难压倒我。困难的旁边就是出路，就是机遇，就是希望。"

身处逆境，也可以走出一条向上的路

一天，父亲拿出一只皮球，问我："怎样才能将一只皮球送上高处呢？"

"向上抛就行了。"

那年我12岁，立即给出了答案。

"我们向上扔皮球，皮球可以到达高处。但还有一种方法，一种完全相反的方法，照样可以把皮球送上高处。"父亲说完，将手中的皮球使劲向地面砸去，皮球与地面相撞，反弹到高处。

父亲接着说："向上扔皮球，皮球处于顺境；而向下击打皮球，皮球处于逆境。对于一只皮球来说，无论是处于顺境还是逆境，都能达到一种高度。"父亲说，"当一个人没有外力将你向上推举，也就是在你无法得到别人帮助时，是不是也能实现人生的成功，抵达人生成功的高处呢？"

"可以吧？"我有些拿不准了。

"当然可以。我们的人生也可能像皮球那样，受到打击、遭遇失败，此时我们内心绝不应屈服，而应产生一种不屈的力量，像皮球的反弹力一样，将自己反弹起来，送上成功的高处。"父亲说。

我点点头，听懂了一部分。

父亲又问我："但是，是不是在任何情况下，逆境都可以给人一种向上的力量呢？"

这时，父亲将皮球里的气放掉，然后拿起干瘪的皮球再次向地面砸去，皮球在地上颠了颠就停止了，再也弹不起来了。父亲对

TIPS

在逆境中，气只可鼓，不能泄。

237

我说："在逆境中，气只可鼓，不能泄。如果在命运的打击下，胸中的志气荡然无存，那逆境带给人的只能是灾难。"

说完，父亲将皮球重新打满气，用手把它按压入水。突然，父亲松开手，皮球迅速从水里窜出来，跳出了水面。"对皮球来说，向下的击打，是逆境；向下的按压，也是逆境，"父亲说，"但逆境中的皮球，只要鼓足气就可以走出一条向上的路来。而人也是如此，身处逆境，也可以走出一条向上的路来。"

父亲用一只皮球演示人生哲理，教给我如何在人生的逆境中走出一条向上的路来，这一幕让我时时记起，一直警示我要自强不息。

第七章

站在
未来等你

有人的未来光辉灿烂，有人的未来灰
暗不堪……未来有无数种版本，而究
竟出现哪种版本，要看当事人今天的
表现。

让每一个明天感谢今天努力的你

我们首先要过好今天，如果今天我们无怨无悔地奋斗，没有虚度一分一秒的时光，那么每一个明天都会感谢今天的你。

乔·吉拉德作为世界上最伟大的推销员，在成功之前也遭遇过严重挫折，一度陷入破产境地。在痛定思痛后，吉拉德决心重新开始，选择去通用销售店卖车。但对于什么资源都没有的吉拉德来说，起步并不容易，虽然第一天就卖出了一辆，但生活不能总靠幸运，还需要每一天的踏实努力。

首先，没有人脉的吉拉德对着电话簿一页一页地翻，一个人一个人地打电话。只要有人接电话，他就记录下对方的职业、大概收入、嗜好、买车需求等细节，尽量得到更多的详细情况。有的客户用几个月、半年后再谈买车的理由打发他，吉拉德却做了有心人，一一记录下来。过了几个月或半年后，吉拉德再给这些客户打电话，果然有客户同意买车了。吉拉德尽可能多地掌握客户的未来需求，施展黏人功夫，促成了不少原本看来没希望的生意。

其次，吉拉德很有耐性，不放弃任何一个机会。有的客户3年后才需要买车，有的客户5年后才需要买车，有的客户自己也不清楚什么时间需要买车……这些都没有关系，不管中间的间隔有多久，吉拉德都会时常给客户打电话，嘘寒问暖，跟客户保持联络。

第三，吉拉德让自己的名字频繁出现在客户的眼前。一年12个月，吉拉德不间断地寄出不同花样设计、上面永远印有"I like you!"的卡片给所有客户。他还把名片印成橄榄绿，令人联想到一张张美钞。吉拉德发名片的最高纪录是每月寄出16000张。对此，吉拉德的解释是："我的名字'乔·吉拉德'一年出现在客户面前12次！当客户想要买车时，自然而然就会想到我！"

第四，吉拉德想让全世界都知道自己在卖什么。每天一睁开眼，吉拉德发名片的任务就开始了，只要离开家，他逢人必发名片，每见一次面就发一张，坚持要对方收下。吉拉德说："销售员一定要让全世界的人都知道你在卖什么，而且一次一次加强印象，让对象一想到要买车，自然就会想到你。"吉拉德有一个特别的习惯，喜欢在公众场合撒名片，例如在热门球赛的观众席上，他便整袋整袋地撒出名片。他耸耸肩表示："我同意这是个很怪异的举动，但就是因为怪异，人们才容易记得，而且只要有一张落入想买车的人手中，我赚到的佣金就超过这些名片的成本了！"

第五，寻求各种机会增加曝光度。发名片不一定非要发放到人，可以在任何场所发放。比如餐厅用完餐，他总是在账单里夹上三四张名片及丰厚的小费；再比如经过公共电话旁，他也不忘在电话上夹两张名片。他的理由就是"永远不放弃任何一个机会"。

每每回忆往事，吉拉德最感谢的就是曾经为之艰苦努力的岁月，也就是那时的"每一个今天"。他说："没有过往的每一个辛勤努力的'今天'，就不可能有越来越优秀的'明天'，我的成功是每一个踏实的'今天'铸就的，所以现在的我感谢曾经努力的我。"

只要不放弃，落魄汉也有春天

亨利·米勒，1891年出生于纽约一个德裔裁缝的家庭。米勒出生后不久，全家搬到布鲁克林。米勒成长于工人和小商小贩的环境中间，没有机会受到正规教育。

1909年，米勒进入纽约市立学院学习，但因为根本听不懂课程，两个月后就放弃了。从18岁开始，他走入社会，参加工作。他都做过什么呢？

报童、洗碗工、垃圾清理工、水泥公司的店员、陆军部办事员、不拿薪水的《华盛顿邮报》见习记者、编辑、广告文字撰稿人、图书管理员、酒吧招待、体校教师、码头工人、他父亲裁缝铺的小老板、慈善工作者、保险费收费员、电报公司的人事部经理、市内电车售票员、打字员、机械师、统计员、文字校对员、旅馆侍者、煤气费收费员、精神分析学家，等等。

只有少数几项工作他干满了一年，很多工作就是几个月，还有的工作只干了几天，甚至一天就不干了。原因无非是他不喜欢、不适应，或者人家不要他。显然，这个阶段的米勒是极其失败的，虽然他尝试过非常多的职业，但实际上连一份稳定的工作都没有。

这段糟糕的时间有多长呢？21年。一直到1930年，米勒人到中年，还没有找到人生的方向，没有一个能栖身的小房子，没有一个关心自己的家人，没有一分钱存款，没有能养活自己的手艺……总之什么都没有。

米勒知道自己的现状，但他不理会别人是怎么想的，他坚信自己有一天会找到一条适合自己的路。别人笑着说："米勒，你都40岁了，时间不多了。"他也笑着说："我才40岁，时间和机会都大把的。"

1930年，米勒决定离开美国，他拿着自己的几件破烂衣服和仅有的几十块钱迁居巴黎。

站在巴黎街头，他不知道自己要去哪里，放眼看去，偌大的城市没有他的容身之地。

米勒先找了一个住处。住处脏乱差，没有水电，污水横流的小街上更是弥漫着臭烘烘的气味。人们的眼里是对他人的厌恶和对生活的绝望，这里没有笑声，没有安慰，没有温暖，没有同情，有的是咒骂声、嘲笑声、尖叫声、哭喊声。生活在这种环境里，人很容易被同化。

米勒坚定内心，决不允许自己被同化，不仅时时用现实告诫自己，还将所见所闻做了记录。

米勒找到了图书管理员的工作，并兼职送报纸，这是他能做的相对体面的工作。业余时间，米勒认为可以将他的生活和平时的记录写出来。

米勒开始动笔写自传体小说《北回归线》，1934年完成，同年出版。这一年，米勒43岁了。5年后，他的第二部作品《南回归线》也出版了。

米勒大器晚成，有着丰富的生活阅历，见多识广，这使得他的创作不落俗套，既有坚实的生活基础，又有富于哲理的思想内容。而且作品反映的问题非常尖锐，写作风格是对传统观念的挑战与反叛，这给欧洲文学先锋派带来了巨大的震动。

可以说，米勒走上文学创作的道路比他同时代的美国作家要晚很多，成名也晚。年纪比他轻的欧内斯特·海明威、威廉·福克纳、弗朗西斯·菲茨杰拉德等作家，在20世纪20年代就已小有名气，或已有了相当的成就，而米勒那时候却还在为生活奔忙。

但是，正所谓成功不分早晚，早20年是成功，晚20年也是成功。所以说，如果在青年时期没能走上成功的路径，也不要灰心，只要不放弃，继续寻找，继续努力，终会等到成功的春天来临。

我坚信成功，因为我从未放弃

2013年，好莱坞大片《超人：钢铁之躯》上映，"新超人"亨利·卡维尔成了全球粉丝膜拜的超级偶像。他有着坚毅的下巴、健硕的肌肉——六块腹肌隔着衣服都看得到……

卡维尔身高185cm，生于1983年，之前演过的都是一些无足轻重的角色，他一度被别人视为"最不幸的演员"。

亨利·卡维尔的故事

2001年，18岁的卡维尔正式入行，不久就得到了在《新基督山伯爵》里演出的机会，扮演阿尔贝·德·莫尔赛夫。随后几年里他又先后参演了《万世师表》《我的秘密城堡》《小红帽》《猛鬼追魂：地狱世界》《王者之心》等多部影片，但反响平平。

其实，在这段时间里卡维尔也有一炮而红的机会，但他都没有把握住。《蝙蝠侠：开战时刻》和《007系列21：皇家赌场》两部影片的导演都有意让他担纲男一号，但卡维尔却因为突发事情没能去《蝙蝠侠》剧组试镜。他倒是准时去了《皇家赌场》的剧组试镜，但导演已经改变主意了，请大牌男星丹尼尔·克雷格担任主演，卡维尔白跑了一趟。

时间到了2007年，美国Showtime电视网打造古装历史剧《都铎王朝》，几乎全部启用英伦班底上阵，泽西岛出生的卡维尔被选中，扮演英王亨利八世的妹夫和密友——性感又有心机的皇室显贵查尔斯·布兰登，这个角色被卡维尔认为是其演艺生涯的第一个代表性角色，他也因此有了些知名度。但在接下来的演出中，他接到的依然还是诸如在电影《星尘》中饰演的小角色。

2009年至2012年，卡维尔的演艺之路依然没有起色，他参演了惊悚片《复仇之溪》、魔幻大片《惊天战神》、悬疑动作片《白昼冷光》等电影，但戏份不多，难有作为。就在卡维尔苦苦等待成功之日时，又先后三次被命运捉弄。第一次是2009年开拍的《暮光之城1》，原著作者斯蒂芬妮·梅尔希望由卡维尔来诠释主角爱德华，通知他去试镜，但片方并没有把他考虑在内，在其赶到片场时被告知男主角已定，不用再试镜了。第二次是《绿灯侠》，卡维尔仿佛等到了当主角的机会，试镜通过，一切都准备好了，片方却通知他临时换人了，改由瑞安·雷诺兹出演。第三次在2011年，卡维尔被通知去参加一部《超人》影片的试镜，他去了，被选中了，在他等待正式出演的时间里，他得知那个电影项目流产了。

命运仿佛和卡维尔很不和，故意要捉弄他，但坚强的卡维尔并不妥协。"真正属于你的机会，一定在前方等着你。"等待是漫长的，也是艰辛的，但同时也是值得的，因为你不知道什么时候机会就真的到来了，所以要时刻做好准备，用努力的汗水去迎接它。

2012年，卡维尔接到《超人：钢铁之躯》剧组让他试镜的通知，他及时赶过去完成试镜。

等待通知是件煎熬的事情，或许已经习惯了不成功，卡维尔并没抱太大希望，但他依然每天认真揣摩"超人"的感觉——他不希望自己真的被选上后缺乏准备。几天后，他得到了好消息，被选中了。卡维尔高兴极了，但还不忘问一句："会不会再有变化？"导演告诉他，不可能有变化，让他做好准备。

卡维尔终于等到了当主角的机会，为此他足足等待了11年。那一刻，他积压在心头多年的压抑一扫而光。出演《超人》，谁都能知道结果是什么，太具轰动效应了。果然，在出演《超人：钢铁之躯》后，卡维尔被评选为英国最帅男人第12名，登上了《帝国》杂志和《娱乐周刊》的封面，家乡泽西岛发行了一套以他的超人造型为图案的邮票。

这是亨利·卡维尔坚持等待机会的故事，面对无数次挫败他没有放弃，更没有自怨自艾自己的遭遇，而是用积极的心态和勤奋的努力去面对。他很清楚，放弃就意味着再也没有机会，而继续坚持，总有一天会时来运转。卡维尔是出演《超人》成功的，其实他的内心也与"超人"很像——信念坚定，决不屈服。

克里斯托弗·李的故事

除了亨利·卡维尔坚持等待、永不放弃，最终走红好莱坞，还有两位演员凭着同样的执着和自信，在人生暮年红透好莱坞。他们就是在《魔戒》第一部里面出演灰袍巫师甘道夫的伊恩·麦克莱恩，以及出演白袍巫师萨鲁曼的克里斯托弗·李。

从1999年开始，好莱坞导演彼得·杰克逊开拍《魔戒》三部曲和《霍比特人》三部曲，成为电影史上不可逾越的精品。很多演员通过此系列影片进入国际一线大牌行列，比如凯特·布兰切特、奥兰多·布鲁姆、伊利亚·伍德、丽芙·泰勒、维戈·莫特森、马丁·弗里曼、伊恩·麦克莱恩、克里斯托弗·李、理查德·阿米塔格，甚至连为"咕噜"做动作捕捉的安迪·瑟金斯都名扬天下。

其中伊恩·麦克莱恩在拍摄《魔戒》第一部时已经60岁，灰袍巫师甘道夫的角色让他名声大噪。而克里斯托弗·李出生于1922年，《魔戒》第一部开拍时已经77岁高龄，他饰演白袍巫师萨鲁曼。这个角色仿佛真的具有巫师的魔力，让年近八十的李一夜之间成为家喻户晓的明星。

李出生于英国伦敦一个中产阶级家庭，少年时既不勤奋，也不好学，1935年面试伊顿公学失败。但他遇到了当时著名的鬼故事创作者兼面试官M.R.詹姆斯，深受影响，从此迷上了神秘学，以至于做演员后出演了大量恐怖电影。

后来，李被另一所英国一流的私立学校——惠灵顿皇家教会学校录取，专业是古典学，包括希腊语和拉丁语。毕业后，李成为航运公司职员。

1941年，李19岁，风华正茂，但他的国家正与纳粹展开血战，李是热血青年，应征入伍，加入英国皇家空军，担任情报官。战火洗礼了李的性格，他变得更加坚韧而富有正气。在战争期间，李通过自学，逐渐掌握了法语、德语等八国语言，成为英国情报机关不可多得的翻译人才。

第二次世界大战结束后，李被借调到战犯及安全嫌疑人中央登记中心，帮助追捕纳粹战犯。原本他是可以留在军中继续服役的，但李认为战争结束了，自己为国奋斗的使命完成了，现在要开始为自己奋斗了。1946年，李从英国皇家空军退役，军衔是空军中尉。

接下来应该做什么呢？

一天，李母亲的表亲，意大利大使尼科洛·卡兰蒂到他家做客，他告诉李："你的曾外祖母是著名的歌剧演员，表演天分是深藏在你血脉里的东西，或许你可以尝试一下。"就是这句话，开启了李半个多世纪的表演生涯。

李加入英国Hammer Film电影公司，因为没有表演经验，也没人推荐，只能从最小的角色开始。1947年，李参演了他的电影处女作《Corridor of Mirrors》。此后10年里，他一直扮演毫无分量的小角色，直到1958年出演了《恐怖吸血鬼》中德古拉伯爵一角，获得好评。但随后又沉寂下来，继续接拍小角色。

时间到了1969年，李迎来了事业的初春。他在影片《傅满洲的城堡》中饰演主角傅满洲，开始为人所知。又因在第二年出演《福尔摩斯秘史》，而在美国获得关注。随后，李来到好莱坞。1974年，李在007系列影片《金枪人》中出演大反派"金枪人"斯卡拉·孟加，终于有所收获。但仅仅持续了7年，从1976年开始，他再次陷入低谷。其间只在1989年和1998年拍过两部稍微有些名气的电影。

转眼到了21世纪，李已经是年过七旬的老者了，但他仍然没能在电影行业留下些什么，更准确地说，这个行业里还没有他的一席之地。家人劝李退出来，享点儿天伦之乐，但李拒绝了，他一直坚信一定会等到那个只有他能饰演的角色，而那个角色就将是他奋斗一生的回报。

1999年，他接到了彼得·杰克逊的邀请，饰演《魔戒》中的白袍巫师萨鲁曼。当时李就意识到自己的机会来了。他看过几遍《魔戒》原著，深知这部伟大著作的影响力，也知道其中人物的感染性。让他饰演萨鲁曼，这是他这一生最后一次成功的机会了。

《魔戒》的拍摄片场里，李是年纪最大的演员，甘道夫比他还小17岁，人们都很照顾他，但李没有因为年龄而成为剧组的负担，反而成了敬业的表率，让所有参演演员感动不已。

有了敬业的精神和一生的积累，李将萨鲁曼诠释得恰到好处。《魔戒》公映后，受到全世界影迷的追捧，成为经典中的经典，每个角色都让影迷津津乐道，当然包括形神兼备的萨鲁曼。

2011年到2013年，李再次在影片《霍比特人》系列中扮演萨鲁曼。2013年1月，他获得英国电影学院终身成就奖。在颁奖典礼上，李说："我的一生因为有了'萨鲁曼'而得到了提升。我从未因为成功来到晚而抱怨，相反我很感激，因为我并未放弃，才让我与他相逢。"

实现了人生夙愿后，李再无遗憾。2015年6月7日早晨，克里斯托弗·李在伦敦威斯敏斯特医院去世。

当停止进步时，试试这5件事

想要人生不断进步，就要不断地学习精进，不可停止。但是，人生总是有很多变数，会让人渐渐缺少持续进步的动力。此时，我们习惯给自己找很多理由，目的是说服自己可以停下来。其实，在发现自己停止进步时，可以尝试做以下5件事：

第一件，买一本好书看。一本好书可以提升知识与心灵，也可以在看书阶段短暂地让大脑远离当前的烦恼，等到一切平静了再回头看，或许内心就不再烦躁了。

第二件，开始定期阅读文章。让自己养成每天定期阅读文章的习惯，你会发现自己的生活越来越充实，也更容易将你吸收的知识用于工作上，更加方便解决工作中遇到的问题，这样就不会因为无法进步而停止了。

TIPS

比成功更重要的是，做你自己有兴趣、有能力，也肯努力去做的事。

第三件，每天早起一个小时。每个人每天最有专注力的时间应该就是早上了，养成比平常早起一个小时的习惯，可以让你一天中做更多的事，也可以把时间发挥得更有效率。

第四件，找回自己喜欢做的事。任何你喜欢的事，只要坚持做、重复做，就能渐渐形成力量。记住：比成功更重要的是，做你自己有兴趣、有能力，也肯努力去做的事。

第五件，找回你的专注。所有成功的人都有一个很简单的特质，就是专注。有时候你必须学会舍弃一些东西，才能专注于你真正想要的东西。可以透过"80/20法则"改善自己的努力方向与时间分配，将时间分配在最重要的事情上，可以让你做事更专注，更有效率。

忍受绝望是为了迎来明天的希望

人生的航路不可能一帆风顺，挫折是必不可少的历练。保持坚强的心态，勇敢面对一切风雨，在逆境中学会忍耐，在绝境中得到升华，这是人生必修课。

我喜欢对联，这是一种相对简洁但又能深刻反映事实和勾勒心境的文学表现形式。名对太多太多，但最能打动我的是"有志者，事竟成，破釜沉舟，百二秦关终属楚；苦心人，天不负，卧薪尝胆，三千越甲可吞吴"。上联写项羽，下联写勾践，他们都是中国历史上的风云人物，影响了社会的发展进程。相比较之下，我更欣赏勾践，项羽的人生是先赢后输，勾践的人生是先输后赢。先赢后输，项羽输得很彻底；先输后赢，勾践赢得很艰辛。

勾践23岁继承王位，可谓早年得志，刚继位不久就打败了强大的吴国。

吴王阖闾受伤归国后不久就死了，其子夫差即位，立志报仇。勾践打败了阖闾，也没将夫差放在眼里，第二年再次进攻吴国，在夫椒山与吴军决战，遭受大败。勾践率残兵败将退至会稽山，眼见无路可退，除了投降就是自杀。范蠡献计，让勾践向吴国称臣乞和。

勾践带着家眷和众大臣前去吴国乞降，夫差同意。为了尽可能羞辱勾践，夫差没有听从伍子胥劝谏杀了勾践众人，而是将他们监禁于吴国都城，充为奴隶。

此时勾践的心情，不用说我们都能知道，比油煎还难受。堂堂一国君主沦为奴隶，将来生活中的屈辱难以想象。面对前途渺茫的绝境，勾践并未灰心，他要想尽办法改变现状，为自己争取到复仇的机会。

勾践忍辱负重，自称贱臣，对吴王夫差极其恭敬，吃粗粮，睡马房，服苦役，小心伺候，做到百依百顺。勾践夫人每天洒水、除粪、洒扫，臣子们也跟着做奴仆的工作。夫差每次坐车出去，勾践就给他牵马坠镫。有一次，夫差生了重病，勾践舔尝夫差的粪便，判断夫差并无大碍，果然不久之后夫差痊愈。夫差见勾践对自己如此"忠诚"，再加上3年里勾践从未表现出不满，使他认为勾践已经真心归顺了，就放勾践等人回国。

勾践30岁时回到越国，此时他的国家非常贫弱，满目疮痍，人民生活极苦，眼中看不到希望。勾践立志重振越国，报仇雪耻。他在吃饭的地方挂上一个苦胆，每逢吃饭时，就先尝一尝苦味，还自问："你忘了会稽的耻辱吗？"他还把席子撤去，用柴草当作褥子。以"卧薪尝胆"提醒自己不能忘记耻辱。

勾践重用名臣范蠡、文种等人，经过"十年生聚，十年教训"，使越国国力渐渐恢复。盲目自大的吴王夫差对此却毫不警惕。公元前482年，夫差参加"黄池之会"，将精锐军队全部带走，仅留下太子和老弱守国。勾践知道时机已到，率军乘虚而入，大败吴军，杀死吴国太子。夫差听信后，仓促与晋国定盟返回，但连战不利，不得已与越国议和。至此，吴越两国的形势发生了变化，越国愈发强盛，吴国逐渐衰落。

TIPS.

绝境永远不是人生最后的境遇。

公元前473年，勾践率领越军再次大败吴军。吴王夫差被围困在姑苏山上，他请求投降，但没有得到勾践同意，不得以自杀，吴国灭亡。这一年，勾践47岁，距离他被吴国击败沦为奴隶已经过去了20年。

勾践面临的绝境远非我们所能想象的，从君王到奴隶，这是一路下泄的死棋，还有反转的机会吗？看起来一切都结束了，没有希望了。但勾践就是在绝望中看到了希望，并最终让希望成为现实。

我们的光辉岁月

任何一个取得巨大成功的人，他的背后都有很多不为我们所知的心酸和痛苦。我们要挖掘的不是他的辉煌，而是他背后的痛苦，以此激励我们的斗志，去拥抱光辉岁月。

不受正视的贵族

1918年7月18日，纳尔逊·罗利赫拉赫拉·曼德拉出生于特兰斯凯首府阿姆塔塔附近的村庄——牡韦佐。曼德拉的父亲在牡韦佐城镇担任部落酋长，但因与殖民当局发生矛盾，被剥夺了地位。

曼德拉是家族中唯一上过学的人，小学教师给他取名纳尔逊。曼德拉9岁时，父亲因肺结核病逝。腾布王朝的摄政王成为他的监护人，支持他从小学读到大学。曼德拉在福特哈尔大学就读时，遇到了一生的好朋友——奥利弗·坦波。

曼德拉大学念了一年，就因为反对不合理政策被勒令退学，后又拒绝同腾布王朝继承人的女儿结婚，逃到约翰内斯堡。曼德拉在煤矿找到一份保安的工作，但矿场老板发现他是逃亡贵族后迅速解雇了他。曼德拉又应聘到一家律师事务所当文书，其间开始在金山大学学习法律，结识了以后的同事——乔斯·洛沃、哈里斯·沃兹以及鲁斯·福斯特。

1944年，26岁的曼德拉加入主张非暴力斗争的"南非非洲人国民大会"，简称"非国大"，从此开始积极投身政治，目标就是为南非黑人争取政治权利，因为当时的执政党是布尔人组建的"南非国民党"，作为白人，他们坚决支持种族隔离政策。曼德拉在1952年的"非国大反抗运动"和1955年的人民议会中起到了领导作用，这些运动的基础就是《自由宪章》。为此，南非当局曾两次发出不准他参加公众集会的禁令。

在这个时期，曼德拉还与他的律师朋友奥利弗·坦波合作开设了曼德拉-坦波律师事务所，为请不起辩护律师的黑人提供免费的法律咨询服务。

1960年3月21日，曼德拉在领导沙佩维尔示威时被捕，后经自己辩护被无罪释放。

因为领导能力出色，名声渐起，曼德拉逐渐成为"非国大"重要领导，先后任"非国大"执委、德兰士瓦省主席、全国副主席。

曼德拉虽然是黑人，但也是出生在酋长家庭，算是南非的贵族。但他放弃了安逸的生活，选择为民族解放和种族平等而斗争，从这一点看，他就值得我们尊敬。曼德拉不可能不知道走上这条路的风险，但他毅然决然，从未后退。曼德拉后来被捕，度过了漫长的27年牢狱生活，但这一切都没能摧垮他的意志，反而锻造了他包容天地的宏阔心胸。

永不屈服的囚犯

眼看着用文明的方式解决民族平等问题无望，曼德拉转而开始地下武装斗争，创建了"非国大"军事组织——"民族之矛"，并任总司令。曼德拉的行为严重威胁了南非统治当局，他们必要除之而后快。1962年8月，南非政府逮捕曼德拉，并以煽动罪和非法越境罪判处他5年监禁。这一年，曼德拉44岁，本该是政治家最富有朝气和能力的年纪，他却不得不面对铁窗岁月。只是，他万万想不到，虽然判了5年，但南非当局却从没有打算放他出来，希望他就此老死狱中。

　　1962年10月15日，曼德拉被送到比勒陀利亚地方监狱关押。在那里，他为了争取自身利益而遭到单独关押，只在上午和下午各有半小时的活动时间。在单独关押的囚室中没有自然光线，没有任何书写物品，一切与外部隔绝。最终，曼德拉决定放弃一些权利，毕竟他希望能够与他人交流。

　　1964年6月，南非政府又以企图以暴力推翻政府罪判处正在服刑的曼德拉终身监禁，把他转移到罗本岛上。这一年，曼德拉46岁，他并不认为自己的余生都会在监狱中度过——只要南非的种族隔离政策被推翻。他坚信这一点。

　　罗本岛是南非最大的秘密监狱，岛上曾关押过大批黑人政治犯。罗本岛上的囚犯境遇非常惨，他们被狱卒们逼迫到岛上的采石场做苦工，很多囚犯因此累死、病死。

　　曼德拉在罗本岛的狱室只有4.5平方米，他多次提出要在监狱的院子里开辟一块菜园，都被狱方拒绝。虽然刑期无限，采石非常劳累，也不能与人交谈，但曼德拉依然保持坚定的信念，每天进行身体锻炼，例如在牢房中原地跑步、做俯卧撑等。

　　1982年，曼德拉离开了关押他18年的罗本岛，被转移到波尔斯摩尔监狱。他在这里被允许开辟菜园，陆续种了将近900株植物。

　　1984年5月，迫于世界舆论压力，南非当局终于允许曼德拉接受其夫人的"接触性"探视。当他的夫人听到这个惊喜的消息时，一度认为曼德拉生病了，毕竟此时的曼德拉已经66岁了，不再年轻了。当曼德拉与夫人见面时，他们拥抱在一起。曼德拉说："这么多年以来，这是我第一次拥抱我的妻子。算起来，我已经有22年没有碰过我夫人的手了。"

南非当局施行的种族隔离政策受到全世界的抨击，尤其到最后阶段，国内民众群情激愤，国际社会严厉制裁，在内忧外困交织的情况下，南非当局被迫于1990年解除种族隔离，实现民族和解。

1990年2月10日，南非总统弗雷德里克·德克勒克宣布无条件释放曼德拉。第二天，在监狱中度过了漫长的27年后，曼德拉终于重获自由。这一年，曼德拉72岁了。

从入狱时年富力强的中年政治家，到出狱时两鬓斑白的和平主义者，曼德拉走过了漫长且不平凡的27年。这27年的大部分时间里，他都是在孤独中度过。当局希望关押曼德拉至死，曼德拉没让对手得逞，坚毅地等到了出狱的这一天。通过各种录像资料，我们可以看到，曼德拉出狱后精神矍铄，丝毫不像一个在狱中关押了27年的囚徒，反而像是一个取得了巨大成就的成功者。

这就是曼德拉，伟人就是这么炼成的。

世界敬仰的"国父"

曼德拉出狱当日前往索韦托足球场，向12万人发表了出狱演说。

在监狱里，曼德拉经常思考南非的未来，怎样才能让南非平稳过渡，让黑人获得政治地位。漫长的刑期给了他充足的思考时间，渐渐地他理清了思路。出狱后，曼德拉由入狱前期望武装斗争获得种族平等的思想，转为主张调解与协商推动种族平等，并在推动多元族群民主的过渡期挺身而出，领导南非。曼德拉不计个人得失的情操和立足于保护南非的初衷，让他受到国际各界的赞许，其中也包括从前的反对者。

1990年3月，曼德拉被"非国大全国执委"任命为副主席、代行主席职务。1993年，曼德拉被授予诺贝尔和平奖。1994年4月，"非国大"在南非首次不分种族的大选中获胜。5月9日，南非首次多种族总统大选结果揭晓，曼德拉成为南非历史上首位黑人总统。1997年12月，曼德拉辞去"非国大"主席一职，并表示不再参加1999年6月的总统竞选，并于1999年6月正式去职。2004年，曼德拉被选为最伟大的南非人，被尊为"南非国父"。

2013年12月6日（南非时间5日），曼德拉在约翰内斯堡住所去世，享年95岁。南非为曼德拉举行国葬，全国降半旗。

这就是一位令我们敬仰的巨人，他不畏艰险的奋斗，使得任何人都为之动容。